Herrmann Wagner

Der Weg zum Sportbootführerschein

2022

ISBN: 978-3-9821935-9-5

Deutschsprachige Erstausgabe Mai 2022

Imprint:
99books GbR
Aichbaindt 5
87587 Wiggensbach

Herrmann Wagner

Der Weg zum Sportboot führerschein

See

2022

Das aktuelle Wissen rund um den Sportbootführerschein – Mit amtlichen Fragenkatalog, Basisfragen, Übungen u.v.m.

Inhaltsverzeichnis

SEHR GEEHRTE LESERINNEN UND LESER,

ein herzliches Hallo an alle Sportbootfreunde. Wenn Sie dieses Buch gekauft haben, dann sind Sie vermutlich auf dem Weg zum Sportbootführerschein See. Vermutlich freuen Sie sich schon, darauf das erste Mal auf See zu sein und vermutlich träumen Sie seit langen davon, den Führerschein endlich in Ihren Händen zu halten. Damit Ihnen dies bald gelingt, haben wir von Verlag 99books Ihnen diesen Ratgeber zusammengestellt. Hierfür haben wir erfolgreiche Prüfungsabsolventen und Sportbootsfreunde involviert, um Ihnen einen optimalen Leitfaden zu geben. Wir unterstützen sie mit diesem Buch, dass Sie sich optimal auf die bevorstehende Prüfung vorbereiten können. Da wir selbst Naturfreunde sind, haben wir auf einen Farbdruck verzichtet und Ihnen stattdessen QR-Codes zur Verfügung gestellt, über welche Sie sich alle wichtigen Dateien nochmal in Farbe anschauen, herunterladen und gegebenenfalls selbst ausdrucken können.
Unter dem Link: **bit.ly/Sportboot-Wagner** kommen sie direkt zu allen Download Dokumenten. Alternativ können sie auch durch das scannen des QR Codes dorthin gelangen:

Sollten Sie Verbesserungsvorschläge, Probleme oder Fragen haben, dann schreiben Sie uns doch gerne über folgende E-Mail an: kontakt.99books@gmail.com. Und nun wünschen wir Ihnen eine ruhige See und viel Erfolg bei Ihnen Vorbereitungen für den Führerschein.

IHR 99BOOKS-TEAM

1.1 SPORTBOOTFÜHRERSCHEIN (SBF) – DEFINITION

Wer in Deutschland ein Sportboot auf Binnen- oder Seeschifffahrtsstraßen fahren möchte, benötigt ab einer Motorleistung von 5 oder 15 PS einen Sportbootführerschein als amtliche Fahrerlaubnis. Da die verschiedenen Gewässer unterschiedliche Herausforderungen mit sich bringen, sieht die Sportboot-Führerscheinverordnung spezielle Lizenzen für Binnenschifffahrtsstraßen, Seeschifffahrtsstraßen sowie den Bodensee vor.

Eine weitere Unterscheidung richtet sich nach der Antriebsart Motor oder Segel. Dementsprechend gibt es in Deutschland fünf Möglichkeiten, einen Sportbootführerschein zu erlangen:

- Sportbootführerschein See,
- Sportbootführerschein Binnen mit Antriebsmaschine (Motor) und Segel,
- Sportbootführerschein Binnen mit Antriebsmaschine,
- Sportbootführerschein Binnen mit Segel (Segelschein),
- Bodenseeschifferpatent.

Das Bodenseeschifferpatent stellt eine Besonderheit dar. Es ist nur zum Führen von Booten auf dem Bodensee erforderlich und kann auch nur bei den Landratsämtern im Bereich des Bodensees erworben werden. Für Besitzer der Sportbootführerscheine gelten in den Prüfungen vereinfachte Bedingungen.

Darüber hinaus gibt es eine Reihe weiterer Zertifikate, die den Sportbootführerschein ergänzen. Beispiele dafür sind der Sportküstenschifferschein sowie der Sporthochseeschifferschein für das gewerbliche Führen von Sportbooten im Bereich der Küsten und Meere. Einen Fach- oder Sachkundenachweis für Seenotsignalmittel benötigen Bootsführer für den Kauf von Seenotsignalmitteln. Möchten Sie ein Boot mit Sprechfunkanlage fahren, benötigen Sie dafür ein UKW-Sprechfunkzeugnis auf Binnengewässern oder ein Funkbetriebszeugnis auf Seeschifffahrtsstraßen. Viele Charterboote sind mit Funkanlagen ausgerüstet, sodass ein Funkzeugnis Voraussetzung für das Mieten von Sportbooten sein kann.

Geltungsbereiche für den Sportbootführerschein Binnen mit Motor

Der Sportbootführerschein Binnen mit Antriebsmaschine, abgekürzt Binnen AM, ist notwendig zum Fahren von Booten:

- bis zu einer Länge von 20 Metern ohne Ruder und Bugspriet,
- mit einer Motor-Nutzleistung über 11,03 kW bzw. 15 PS hat,
- auf dem Rhein mit einer Länge bis 15 Meter,
- auf dem Rhein mit einer Motor-Nutzleistung über 3,68 kW (5 PS).

Die Führerscheinpflicht gilt auf allen deutschen Binnengewässern, auf denen das Fahren mit Verbrennungsmotoren erlaubt ist.

Geltungsbereiche für den Sportbootführerschein Binnen unter Segel

Grundsätzlich ist das Fahren mit Segelbooten auf Binnenwasserstraßen in Deutschland ohne Sportbootführerschein erlaubt. Eine Führerscheinpflicht gilt lediglich für einzelne Gewässer. Der Sportbootführerschein Binnen unter Segel (abgekürzt Binnen S) ist beispielsweise Voraussetzung zum Befahren folgender Reviere in Brandenburg und Berlin:

- Havel-Oder-Wasserstraße,
- Untere Havel-Wasserstraße,
- Spree-Oder-Wasserstraße,
- Rummelsburger See,
- Großer und Kleiner Müggelsee,
- Langer See,
- Großer Krampe,
- Seddinsee,
- Griebnitzsee,
- Kleinmachnower See,
- Stölpchensee,
- Pohlesee,
- Kleiner Wannsee.

Darüber hinaus gibt es in einigen Bundesländern Sonderregelungen, die eine Führerscheinpflicht für Boote unter Segel vorsehen. Im Land Berlin ist ab einer Segelfläche von sechs Quadratmetern der Sportbootführersein Binnen unter Segel notwendig. Auf dem Bodensee gilt die Führerscheinpflicht für

Segelboote ab einer Segelfläche von zwölf Quadratmetern. Auch für Segelboote besteht die Besonderheit des Bodenseeschifferpatents. Darüber hinaus kann jeder Eigentümer eines Sees die Verpflichtung zum Besitz des Sportbootführerscheins Binnen S für das Segeln auf seinem Gewässer festlegen.

Geltungsbereiche für den Sportbootführerschein See

Den Sportbootführerschein See benötigen Bootsführer auf den ausgewiesenen Seeschifffahrtsstraßen, wenn ihr Boot mit einem über 15 PS starken Motor ausgestattet ist. Zu den Seeschifffahrtsstraßen gehören in Deutschland die Küstenbereiche innerhalb von drei Seemeilen an Nord- und Ostsee, der Nord-Ostsee-Kanal sowie die Mündungsbereiche vieler Flüsse wie Elbe, Trave, Warnow und Weser. Darüber hinaus gelten die ausgewiesenen Fahrwasser innerhalb von zwölf Seemeilen ab der Küstenlinie als Seeschifffahrtsstraßen. Der Sportbootführerschein See kennt keine Begrenzung der Bootslänge.

Anders als beim Sportbootführerschein Binnen gibt es beim SBF See keinen eigenen Führerschein unter Segel. Wer auf Seeschifffahrtsstraßen Sportboote unter Segel ohne Motor oder mit einer Motorleistung bis 15 PS fährt, muss keinen Sportbootführerschein besitzen. Über die Drei- oder Zwölf-Seemeilen-Grenze hinaus ist ebenfalls kein Sportbootführerschein vorgeschrieben. Dennoch sind gerade unter den oft schwierigen Bedingungen auf dem Meer ein Segelschein und ein Sportbootführerschein sinnvoll. Er vermittelt die Ausweichregeln, Kenntnisse über spezielle Seezeichen und vor allem praktische Kenntnisse im Umgang mit einem Motor- oder Segelboot. Charterunternehmen verlangen in der Regel unabhängig von der Motorstärke für Motorboote den Sportbootführerschein See sowie für die Vermietung von Segelbooten zusätzlich den Sportbootführerschein Binnen unter Segel.

Voraussetzungen für die Erlangung der Sportbootführerscheine

Für die Erlangung des Sportbootführerscheins Binnen AM und See beträgt das Mindestalter 16 Jahre. Der Sportbootführerschein Binnen unter Segel ist bereits ab Vollendung des 14. Lebensjahres möglich.

Eine weitere Prüfungsvoraussetzung ist das „Ärztliche Zeugnis für Sportbootführerschein-Bewerber“. Es gilt als Nachweis über den angemessenen allgemeinen Gesundheitszustand, ein ausreichendes See- und Hörvermögen sowie die Fähigkeit, Farben zu unterscheiden.

Um zur Prüfung zugelassen zu werden, müssen volljährige Anwärter ein Führungszeugnis oder eine gültige Kfz-Fahrerlaubnis vorlegen.

Welche Sportbootführerscheine sind sinnvoll?

Vor der Anmeldung zu einem Kurs zur Erlangung des Sportbootführerscheins mag sich die Frage stellen, welcher SBF für die persönlichen Bedürfnisse der richtige ist. Wenn Sie definitiv nur in Binnengewässern, also auf Flüssen, Kanälen und Binnenseen mit dem Motorboot fahren möchten, kommen Sie mit dem SBF Binnen AM aus. Sind darüber hinaus Bootstouren auf dem Bodensee geplant, besteht in der deutschen Bodensee-Region die Möglichkeit, das Bodenseeschifferpatent zu erwerben.

Bedenken Sie jedoch, dass einige auf den ersten Blick als Binnengewässer erscheinende Reviere bereits zu den Seeschifffahrtsstraßen gehören. Das gilt beispielsweise für den Nord-Ostsee-Kanal, die Elbmündung ab Hamburg oder die Wesermündung ab Bremen. Auch die Mündungsbereiche vieler Flüsse in die Ostsee gehören bereits weit vor der Küste zu den Seeschifffahrtsstraßen. Wenn Sie mit ihrem Motorboot vielleicht später einmal diese Wasserstraßen befahren möchten, benötigen Sie dafür den SBF See.

Vielleicht wird es nach einiger Zeit auf Binnenwasserstraßen auch interessant für Sie, das Boot mit in den Urlaub an die Nord- oder Ostseeküste oder die beliebte Adria zu nehmen. Gerade in diesen Regionen ist es reizvoll, von der Küste aus mit dem eigenen oder einem gemieteten Boot die Inseln zu besuchen. Spätestens dann ist der auch im Ausland gültige Sportbootführerschein See notwendig.

Unter Umständen kommen auch Inhaber des SBF See in die Situation, einzelne Strecken auf Binnenwasserstraßen zurückzulegen. Es ist daher praktisch, beide Sportbootführerscheine zu besitzen.

Eine andere Frage ist, ob auch der SBF Binnen unter Segel notwendig ist. Nicht jeder Motorbootfahrer möchte ebenfalls segeln. Sollten Sie jedoch Interesse daran haben, bietet es sich an, auch den SBF S zu erwerben. Wenn es Ihnen hauptsächlich um den Segelschein geht, sollten Sie bedenken, dass Segelboote auf vielen Revieren auch Motoren haben. Übersteigt die Leistung des Motors 15 oder auf dem Rhein 5 PS, ist stets der für das Revier notwendige Sportbootführerschein unter Motor zusätzlich zum Segelschein erforderlich.

Die richtige Kombination spart Zeit, Mühe und Geld

Die Erfahrung zeigt, dass eine Kombination der verschiedenen Sportbootführerscheine vorteilhaft ist. Mit zunehmender Fahrpraxis erhöht sich für viele Wassersportler der Reiz, andere Reviere zu befahren. Der spätere Erwerb eines weiteren Sportbootführerscheins ist mit einem höheren Aufwand verbunden. Zudem fällt das Lernen leichter, wenn Sie gerade mit dem Thema beschäftigt sind. Die Ausstellung eines Sportbootführerscheins dauert nach bestandener Prüfung etwa einen

Monat. Wenn Sie die Führerscheine direkt nacheinander absolvieren, müssen Sie diese Wartezeit nur einmal in Kauf nehmen. Mit der Entscheidung für die richtige Reihenfolge ersparen Sie sich außerdem einige Prüfungsteile. Ideal für die Kombination ist die folgende Reihenfolge:

1. SBF See Theorie und Praxis
2. SBF Binnen AM und S Theorie
3. SBF Binnen S Praxis

Im Anschluss an die theoretische und praktische Prüfung zum Sportbootführerschein See erfolgt die theoretische Prüfung zum SBF Binnen. In dieser Prüfung entfallen die Basisfragen. Eine praktische Prüfung für den SBF Binnen AM ist in dieser Konstellation nicht notwendig, da der SBF See diese bereits abdeckt. Möchten Sie darüber hinaus zukünftig segeln, absolvieren Sie die theoretische Prüfung für den SBF Binnen S zusammen mit dem SBF Binnen AM. Anschließend erfolgt die praktische Prüfung unter Segel.

Auf diese Weise ist es möglich, innerhalb einiger Wochen alle Sportbootführerscheine zu erhalten. Die einzelnen Prüfungen müssen spätestens innerhalb eines Jahres erfolgen. Überlegen Sie sich zu einem späteren Zeitpunkt, nach dem SBF See auch den Sportbootführerschein Binnen unter Motor zu erlangen, sparen Sie sich ebenfalls die Basisfragen und die praktische Prüfung. Sie müssen jedoch nochmals einen Monat nach der Prüfung auf den neuen Sportbootführerschein warten.

Ungünstiger ist die umgekehrte Reihenfolge. Wer zuerst die theoretische und praktische Prüfung zum SBF Binnen AM ablegt, benötigt danach für den SBF See ebenfalls die theoretische und praktische Prüfung. Dabei entfallen lediglich die Basisfragen, die Wahlpflicht-Manöver und die Knotenprüfung. Jeder Prüfungsteil ist mit zusätzlichen Gebühren verbunden.

1.2 SO LAUFEN DIE PRÜFUNGEN AB

Für jeden Sportbootführerschein ist eine theoretische Prüfung erforderlich. Wer den Sportbootführerschein Binnen oder See erwerben möchte, absolviert neben der theoretischen eine praktische Prüfung. Der praktische Teil des SBF See deckt die praktische Prüfung des SBF Binnen AM ab. Umgekehrt müssen Inhaber des Sportbootführerscheins Binnen beim nachträglichen Erwerb des SBF See eine weitere praktische Prüfung ablegen, da der Sportbootführerschein See einen anderen Prüfungsumfang erfordert.

Möchten Sie den SBF Binnen unter Segel erlangen, legen Sie dazu stets eine praktische Fahrprüfung auf einem Segelboot ab.

Um den Sportbootführerschein Binnen unter Motor und Segel zu erhalten, sind zwei praktische Prüfungen mit einem Segel- und einem Motorboot erforderlich. Die praktischen Prüfungen enthalten außerdem einen Prüfungsteil zur Anwendung der Knotentechnik. Wer den SBF Binnen AM und S zusammen absolviert, benötigt nur eine Knotenprüfung.

Die theoretische Prüfung besteht bei allen Sportbootführerscheinen und SBF-Kombinationen aus einem Fragebogen im Multiple-Choice-Verfahren. Alle Fragebögen enthalten Basisfragen zu folgenden Themen:

- Schiffsführung,
- Allgemeines Verkehrsrecht,
- Schiffstechnik,
- Umweltrecht sowie
- Witterungsverhältnisse.

Darüber hinaus enthalten die Fragebögen spezifische Aufgaben zu den jeweiligen Sportbootführerscheinen. Der Katalog der Basisfragen unterscheidet nicht zwischen dem SBF Binnen und See. Wer bereits einen Sportbootführerschein besitzt oder innerhalb der letzten zwölf Monate die theoretische Prüfung bestanden hat, muss für den jeweils anderen die Basisfragen daher nicht mehr beantworten. Dadurch verkürzt sich die Zeit zur Beantwortung der Fragen jeweils um zehn Minuten.

Theoretische Prüfung SBF Binnen AM

Die theoretische Prüfung für den Sportbootführerschein Binnen nur mit Motorantrieb umfasst:

- ✔ 7 Basisfragen, davon sind mindestens 5 richtig zu beantworten.

- 23 spezifische Fragen zum Binnenschifffahrtsrecht, davon müssen mindestens 18 richtig beantwortet sein.

TEILNEHMER HABEN 45 MINUTEN ZEIT, UM DIE FRAGEN ZU BEANTWORTEN.

Theoretische Prüfung SBF Binnen S

Wer nur den Sportbootführerschein Binnen unter Segel erwerben möchte, muss innerhalb von 35 Minuten:

- 18 Basisfragen und Fragen zum Binnenschifffahrtsrecht sowie
- 7 Segelfragen beantworten.

DIE PRÜFUNG IST MIT MINDESTENS 20 RICHTIG GELÖSTEN AUFGABEN BESTANDEN.

Theoretische Prüfung SBF Binnen AM und S

Der Fragebogen für den Sportbootführerschein Binnen unter Motor und Segel enthält:

- 7 Basisfragen, davon sind mindestens 5 richtig zu beantworten.
- 23 spezifische Fragen zum Binnenschifffahrtsrecht, davon mindestens 18 richtig beantwortet.
- 7 Segelfragen, davon mindestens 5 mit richtigen Antworten.

FÜR DIE LÖSUNG DER AUFGABEN STEHEN 60 MINUTEN ZUR VERFÜGUNG.

Die spezifischen Fragen zum Binnenschifffahrtsrecht betreffen die Teilgebiete:

- Verhaltenspflichten,
- Verkehrsregeln auf Binnenschifffahrtsstraßen,
- Signale,
- Ausweichregeln,
- Gebots- und Verbotszeichen,
- Lichterführung auf Binnenschifffahrtsstraßen,
- Ausweichpflichten und Sichtzeichen bei Schleusendurchfahrten.

Theoretische Prüfung SBF See

Die theoretische Prüfung für den Sportbootführerschein See besteht aus einem Fragebogen und einem Navigationsteil, dessen Teilaufgaben anhand einer Seekarte zu lösen sind. Sie setzt sich wie folgt zusammen:

- 7 Basisfragen, davon mindestens 5 mit korrekten Antworten.
- 23 spezifische Fragen zum Seeschifffahrtsrecht, davon mindestens 18 korrekt beantwortet.
- 1 Navigationsaufgabe mit 9 Teilaufgaben, von denen mindestens 7 richtig gelöst sein müssen.

Führt ein Fehler in einer der Teilaufgaben des Navigationsteils zu Folgefehlern bei den anderen Teilaufgaben bei richtiger Anwendung des Lösungsweges, gelten die Folgeaufgaben als richtig beantwortet. Die spezifischen Fragen zum Seeschifffahrtsrecht umfassen folgende Teilgebiete:

- Kenntnisse der Seeschifffahrtsstraßen-Ordnung,
- Inhalte der Schifffahrtsordnung Emsmündung,
- Nautische Veröffentlichungen,
- Verhaltenspflichten,
- Kollisionsverhütungsregeln,
- Signale,
- Lichterführung auf See,
- Ausweichregeln,
- Gebots- und Verbotszeichen.

FÜR DIE LÖSUNG ALLER AUFGABEN STEHT EIN ZEITRAHMEN VON 60 MINUTEN ZUR VERFÜGUNG.

Praktische Prüfung SBF Binnen AM

Wer nicht bereits einen Sportbootführerschein See besitzt, muss für den SBF Binnen unter Motor eine Fahrprüfung sowie eine Knotenprüfung ablegen. Im Verlauf der Fahrprüfung sind drei Pflichtmanöver und drei Wahlpflichtmanöver zu fahren. Die Pflichtmanöver sind:

- ablegen,
- Rettungsmanöver (Mann über Bord),
- anlegen.

Die Wahlpflichtmanöver wählt der Prüfer aus folgenden Möglichkeiten aus:

- Manöverschallsignale,
- Anlegen einer Rettungsweste oder eines Life Belts (Sicherheitsgurt),
- kursgerechtes Aufstoppen,
- fahren nach Landmarken und Schifffahrtszeichen,
- wenden auf engem Raum.

(!) VON DEN DREI WAHLPFLICHTMANÖVERN MÜSSEN SIE MINDESTENS ZWEI MIT AUSREICHENDEN ERGEBNISSEN ABSOLVIEREN.

Für die Knotenprüfung wählt der Prüfer sieben aus den folgenden zehn Knoten aus:

- Kreuzknoten,
- Achtknoten,
- Palstek,
- Schotstek,
- doppelter Schotstek,
- Stopperstek,
- Webeleinstek,
- Webeleinstek auf Slip,
- anderthalb Rundtörns mit zwei Schlägen,
- Kreuzknoten mit Kopfschlag zum Belegen einer Klampe.

Zum Bestehen der Prüfung müssen mindestens sechs Knoten mit einem ausreichenden Ergebnis geknüpft werden. Dazu stehen für jeden Knoten zwei Versuche zur Verfügung. Darüber hinaus ist anzugeben, für welche Verwendung der jeweilige Knoten dient.

Praktische Prüfung SBF Binnen S

Die Prüfung zum Sportbootführerschein Binnen unter Segel umfasst eine praktische Fahrprüfung auf einem Segelboot. Sie setzt sich ebenso wie die Fahrprüfungen zu den anderen Sportbootführerscheinen aus Pflicht- und Wahlpflichtmanövern zusammen. Folgende Pflichtmanöver gehören zum SBF Binnen unter Segel:

- ablegen unter Segeln,
- Rettungsmanöver unter Segeln (Mann über Bord),
- anlegen unter Segeln.

Darüber hinaus wählt der Prüfer aus folgenden Wahlpflichtmanövern drei aus, von denen zwei ausreichend abgelegt werden müssen:

- Rettungsweste oder Life Belt anlegen,
- Segel setzen und bergen,
- anluven und abfallen,
- steuern nach Schifffahrtszeichen und Wind,
- wenden und halsen.

ⓘ DIE KNOTENPRÜFUNG ENTSPRICHT DER DES SBF BINNEN AM UND IST NUR ERFORDERLICH, WENN SIE NICHT BEREITS IM RAHMEN EINER ANDEREN SPORTBOOTFÜHRERSCHEIN-PRÜFUNG ABGELEGT WURDE.

Praktische Prüfung SBF See

In der Fahrprüfung sind folgende fünf Pflichtmanöver ausreichend zu absolvieren:

- ablegen,
- vorwärts und rückwärts nach Kompass fahren,
- peilen in Form einer einfachen oder einer Kreuzpeilung,
- Rettungsmanöver (Mann über Bord),
- anlegen.

Darüber hinaus wählt der Prüfer drei Wahlpflichtmanöver aus folgenden aus:

- anlegen einer Rettungsweste oder eines Sicherheitsgurts (Life Belt),
- Manöverschallsignale geben,
- kursgerechtes Aufstoppen,
- fahren nach Landmarken und Schifffahrtszeichen,
- Wendemanöver auf engem Raum.

ⓘ VON DEN DREI AUSGEWÄHLTEN WAHLPFLICHTMANÖVERN SIND MINDESTENS ZWEI AUSREICHEND ZU ABSOLVIEREN.

Die Knotenprüfung umfasst eine Auswahl von zehn Knoten, von denen sieben zu knüpfen sind. Darüber hinaus ist die Verwendung der Knoten zu erklären. Folgende Knoten stehen für den Prüfer zur Auswahl:

- Achtknoten,
- Palstek,
- Stopperstek,
- Schotstek,
- doppelter Schotstek,
- Webeleinstek,
- Webeleinstek auf Slip,
- Kreuzknoten,
- anderthalb Rundtörns mit zwei halben Schlägen,
- Kreuzknoten mit Kopfschlag zum Belegen einer Klampe.

Die Knotenprüfung ist bestanden, wenn mindestens sechs der sieben Knoten ausreichend sicher geknüpft und richtig erklärt werden. Für jeden Knoten sind zwei Versuche zulässig.

1.3 10 TIPPS FÜR EINE ERFOLGREICHE PRÜFUNG

Häufig unterschätzen Anwärter den Aufwand des Lernens für die Sportbootführerscheine. Zwar bietet das heutige Multiple-Choice-Verfahren eine Erleichterung gegenüber den früheren Prüfungsabläufen mit ausführlichen schriftlichen Antworten zu jeder einzelnen Frage. Dennoch entspringen die Zusammensetzungen der Prüfungsfragebögen umfassenden Fragenkatalogen mit:

- 72 Basisfragen für SBF See und Binnen,
- 253 fachlichen Fragen für SBF Binnen AM,
- 47 speziellen Fragen für SBF Binnen S,
- 285 spezifischen Fragen für SBF See sowie
- 15 Navigationsaufgaben für SBF See.

Allein für die theoretischen Prüfungen besteht daher ein enormes Lernpensum. Gleichzeitig müssen Anwärter die zehn wichtigsten Seemannsknoten beherrschen, da sie nicht wissen, welche in der Prüfung vorzuführen und zu erklären sind.

Wer einen Sportbootführerschein erlangen möchte, sollte sich bereits im Vorfeld über das Thema informieren. Veröffentlichungen im Internet und in Fachzeitschriften sowie Sachbücher bieten einen schönen Einstieg in den Wassersport.

Die Vorbereitung auf die Prüfung erfolgt in einem Kurs. Professionelle Yacht- und Wassersportschulen, Sportboot- und Segelklubs sowie einige Volkshochschulen bieten die Vorbereitungskurse an. Der regelmäßige Besuch ist eine wichtige Voraussetzung für das Bestehen der Prüfung. Viele Themen erfordern den direkten Vortrag und detaillierte Erklärungen.

Eine Alternative bieten Online-Kurse. Sie sind interessant für Menschen, die nicht die Zeit für den Kursbesuch aufbringen können. Autodidakten profitieren ebenfalls von der Methode des freien Lernens. Sie erfordert jedoch große Disziplin.

Folgende Tipps erleichtern das Lernen in Theorie und Praxis:

1. Es ist nicht sinnvoll, mehrere Kurse parallel zu absolvieren. Die Themen und Fragen haben aufgrund derselben Thematik große Ähnlichkeit. Das parallele Lernen für den SBF See und Binnen könnte daher zu Irritationen führen. Vielmehr sollten die Kurse und Prüfungen aufeinanderfolgen.
2. Allein die Teilnahme an den Unterrichtsstunden reicht nicht aus, um das Lernpensum zu bewältigen. Tägliches Lernen festigt das Wissen und sollte von Beginn an den Kurs begleiten.

3. Die tägliche Lerndauer sollte zwei Stunden nicht überschreiten. Danach lässt die Konzentration nach und das Gelernte gerät wieder in Vergessenheit
4. Feste Tagesziele bekämpfen den inneren Schweinehund. Diese sollten nicht zu hoch gesteckt, sondern realistisch in ein bis zwei Stunden zu bewältigen sein.
5. Die vom Kursleiter empfohlenen Lehrbücher sowie ein Satz Fragebögen bilden die optimale Basis zum Lernen. Verschiedene Anbieter stellen die Fragenkataloge online zur Verfügung. Die Methode ist ideal, um das Erlernte zu wiederholen und zu festigen. Fragen, die Sie mehrere Tage nacheinander richtig beantworten, müssen Sie nicht weiter lernen. Wiederholen Sie diese vielleicht einmal in der Woche. Das Gehirn reagiert auf häufige Wiederholungen von bereits im Gedächtnis verankerten Inhalten mit Unsicherheit.
6. Zu Beginn jeder Lerneinheit ist eine kurze Wiederholung der am Vortag gelernten Inhalte sinnvoll. Am Ende sollte ebenfalls eine kurze Wiederholung des aktuellen Lernstoffs erfolgen.
7. Notieren Sie sich offene Fragen und Unsicherheiten, um diese Punkte in der nächsten Kursstunde oder mit dem Ansprechpartner des Online-Kurses zu klären.
8. Die Vorbereitung auf die praktische Prüfung erfolgt in Fahrstunden. Im Idealfall finden diese auf dem Boot statt, auf dem Sie später die Fahrprüfung absolvieren. Die Prüfung auf einem vertrauten Boot fällt in der stressigen Prüfungssituation leichter. Zudem sind die Abmessungen bekannt und Sie wissen, wie sich das Boot in den verschiedenen Manövern verhält. Insbesondere das Anlegemanöver unterscheidet sich bei verschiedenen Antriebstechniken.
9. Für das Üben der Knoten ist zumindest in der Anfangszeit eine Person hilfreich, die Ihnen jeden Knoten detailliert beschreibt und vorführt. Sie erkennt Fehler bereits ansatzweise, sodass sich eine falsche Herangehensweise erst gar nicht verfestigen kann.
10. Vielen Menschen fällt das Lernen leichter, wenn sie Inhalte einmal selbst aufschreiben. Wer nicht mit einem fotografischen Gedächtnis gesegnet ist und sich daher das Gelesene gleich merken kann, sollte wichtige Inhalte auf einem Blatt Papier mit eigenen Worten wiedergeben.

1.4 SO LESEN SIE DIE SEEKARTE

Für den SBF See ist es wichtig, Seekarten lesen zu können. In den Navigationsaufgaben müssen Sie Peilungen vornehmen und Routen auf einer Seekarte ausarbeiten. Die Karten zeigen Häfen an, die Wassertiefen an verschiedenen Stellen und geben Hinweise auf Hindernisse, Landmarken sowie Seezeichen. Viele Hindernisse befinden sich unter Wasser und sind daher mit bloßem Auge nicht erkennbar.

Für Segeltörns und Yachttouren auf dem Meer sind diese Kenntnisse unverzichtbar. Anders als bei Fahrten auf Flüssen, Kanälen oder Binnenseen unterscheidet sich die Umgebung auf dem Meer außerhalb des direkten Küstenbereichs nicht. Skipper sind hier auf den Umgang mit Seekarten und Kompass angewiesen. Auch wenn viele Boote mit GPS-Systemen ausgestattet sind, sollte ein Bootsführer jederzeit in der Lage sein, seinen Standpunkt und seine Route auf einer Seekarte zu erkennen und auszuarbeiten. Ein GPS-System kann Fehler aufweisen oder vollständig ausfallen. In dieser Situation ist der Skipper auf seine Karten- und Navigationskenntnisse angewiesen. Daher hat die Navigation ihren festen Platz in der Prüfung zum SBF See.

Was besagen die farbigen Flächen auf der Seekarte?

Jede Seekarte besteht aus unterschiedlich gefärbten Flächen. Dadurch erleichtern sie den Überblick über Landflächen, Besonderheiten sowie die Wassertiefen in verschiedenen Bereichen. Die einzelnen Farben stehen für folgende Bedeutungen:

- Hellgelb: Landflächen,
- Grün: Wattenmeer,
- Dunkelblau: 0 bis 10 Meter Kartentiefe,
- Hellblau: 10 bis 20 Meter Kartentiefe,
- Weiß: über 20 Meter Kartentiefe.

Eine einfache Merkhilfe besagt: Je dunkler das Blau, umso flacher ist das Wasser. Gelb und Grün sind nicht oder nicht immer befahrbar. Bei den Landflächen kann es sich um Festland oder Inseln handeln. Besondere Aufmerksamkeit erfordern die grünen Flächen des Wattenmeeres. Im Bereich der Nordsee und des Atlantiks ist das Watt weit verbreitet. Diese Bereiche fallen bei Niedrigwasser zum großen Teil trocken. Beim Befahren der Wattzonen müssen Sie daher stets die Gezeiten im Blick behalten.

Wie erkenne ich die Wassertiefe?

Die Angabe der Kartentiefe (abgekürzt KT) bezieht sich auf der Nordsee und dem Atlantischen Ozean auf den niedrigsten möglichen Gezeitenwasserstand, also den tiefsten Wasserstand bei Niedrigwasser. Dabei handelt es sich um das Seekartennull. Es begegnet Ihnen in der Praxis mit der Abkürzung SKN. Das SKN bedeutet gleichzeitig, dass das Wasser zu den meisten Zeiten tiefer ist als die Angabe in der Seekarte. Die tatsächliche Wassertiefe hängt von der aktuellen Gezeiten-Phase ab. Auf der Ostsee, deren Tiefe weniger von den Gezeiten beeinflusst ist, richtet sich die angegebene Kartentiefe nach dem mittleren Wasserstand.

Die farbigen Flächen enthalten auf der Seekarte schwarze Zahlen. Sie geben die exakte Kartentiefe in dem jeweiligen Bereich an. Die Zahlen begegnen Ihnen als ganze Zahlen oder mit einer Tiefstellung. Diese Angabe einer 20 mit tiefgestellter 3 beschreibt eine Wassertiefe von 20,3 der jeweiligen Maßeinheit. Deutsche Seekarten geben die Kartentiefe in Metern und Dezimetern an. An der großen Zahl erkennen Sie die Meter, an der tiefgestellten kleinen Zahl die Dezimeter. Im Beispiel beträgt die Kartentiefe also 20,3 Meter.

Auf internationalen Seekarten finden Sie gelegentlich noch die Angabe der Kartentiefe in der Maßeinheit Nautische Faden und Fuß, also fathoms und feet. Die große Zahl gibt die Nautischen Faden an, die tiefgestellte die zusätzlichen Feet. In der Prüfung zum Sportbootführerschein See werden Ihnen diese Angaben nicht begegnen, da die Prüfungsaufgaben sich auf deutsche Seekarten beziehen. Nutzen Sie zum Lernen jedoch ältere Bücher und das Internet, könnten Sie auf diese Angaben stoßen. Davon sollten Sie sich nicht verwirren lassen. Verwenden Sie zum Lernen ausschließlich deutsche Seekarten, wie sie dem Ausbildungsmaterial beiliegen.

Schifffahrtszeichen in der Seekarte

Wenn Sie mit dem Boot auf dem Meer unterwegs sind, fehlen natürliche Orientierungshilfen. Als solche dienen daher gezielt angebrachte Schifffahrtszeichen. In der Prüfung zum SBF See können Fragen zu den Seezeichen vorkommen. Im Einzelnen finden Sie diese im Fragenkatalog zu den spezifischen Aufgaben und den Navigationsaufgaben. Fahren Sie später mit Ihrem Sportbootführerschein auf dem Meer, sollten Sie zu Ihrer eigenen Sicherheit alle Kennungen der Schifffahrtszeichen identifizieren können. Auf den Seeschifffahrtsstraßen unterliegen die Schifffahrtszeichen der Seeschifffahrtsordnung. Es handelt sich also wie bei einem Verkehrszeichen auf der Straße um bindende Ge- und Verbote sowie um Hinweise zu Fahrrinnen und Fahrtrichtungen.

Schifffahrtszeichen im See-Bereich befinden sich an den Ufern, insbesondere in Häfen und Hafenzufahrten sowie auf dem offenen Meer. Hier finden Sie sie insbesondere in Form von schwimmenden, am Meeresgrund befestigten Tonnen. Beim Betrachten der Seekarte entdecken Sie Hinweise zu den Seezeichen. Die markantesten Schifffahrtszeichen sind Leuchttürme, die ebenfalls am Ufer und im offenen Meer stehen.

In der Seekarte deuten Symbole auf die Schifffahrtszeichen hin. Die Symbole sind mit den Namen und den nautischen Kennungen der Zeichen beschriftet. Anhand der Form und der Farbe des in der Karte abgebildeten Seezeichens erkennen Sie, ob es sich um ein Gefahrenzeichen, einen Hinweis oder ein Verbotszeichen handelt. Leuchttürme und Leuchttonnen erscheinen in Seekarten mit ihren Leuchtwinkeln, Leuchtweiten und Leuchtfarben der Sektoren sowie mit der Leuchttaktung.

Untiefen und Hindernisse auf der Seekarte entdecken

Untiefen und Hindernisse bilden Gefahrenstellen für Boots- und Schiffsführer. Da sich diese Gefahren unter Wasser befinden, sind sie meist nicht sichtbar. Auf der Seekarte erkennen Sie eine Untiefe an einem kleinen Kreuz in einem blauen Feld. Die Farbe des blauen Feldes richtet sich nach der Wassertiefe. Zusätzlich ist der Wasserstand über der Untiefe als schwarze Zahl dargestellt.

Hindernisse wie aus dem Wasser ragende Felsen erkennen Sie an einem kleinen Kreuz mit vier Punkten. Weitere Zeichen in der Seekarte weisen auf gesunkene Schiffe oder aus dem Wasser ragende Schiffswracks hin. Seekarten geben außerdem Hinweise auf Unterwasserkabel sowie Pipelines. Sie sind mit violetten Linien in verschiedenen Formen dargestellt.

Spezielle Schifffahrtszeichen zeigen ebenfalls Gefahrenstellen an. Ihre Toppzeichen verraten, wo sich die Hindernisse und Untiefen befinden und wie sie zu umfahren sind. In der Seekarte sind diese Tonnen mit denselben Toppzeichen abgebildet. Dadurch haben Sie beim Navigieren die Möglichkeit, sie in Ihre Routenplanung einzubeziehen.

Berichtigung der Seekarte

Die Meere unterliegen ständigen Veränderungen. Das gilt besonders in Küstenbereichen. Aus diesem Grund dienen stets aktuelle amtliche Seekarten in der Berufsschifffahrt und in der Sportschifffahrt als Basis für die Navigation. In Deutschland gibt das Bundesamt für Seeschifffahrt und Hydrographie (BSH) die amtlichen Seekarten heraus und passt sie regelmäßig durch Berichtigungen den jeweils aktuellen Bedingungen an. In anderen Ländern übernehmen ebenfalls staatliche Einrichtungen diese Aufgabe. Bevor Sie mit Ihrem Sportboot auf das Meer fahren, sollten Sie sich vergewissern, dass Ihre Seekarten auf dem neuesten Stand sind. Ein noch nicht eingetragenes Hindernis unter Wasser kann schwerwiegende Folgen für Sie haben.

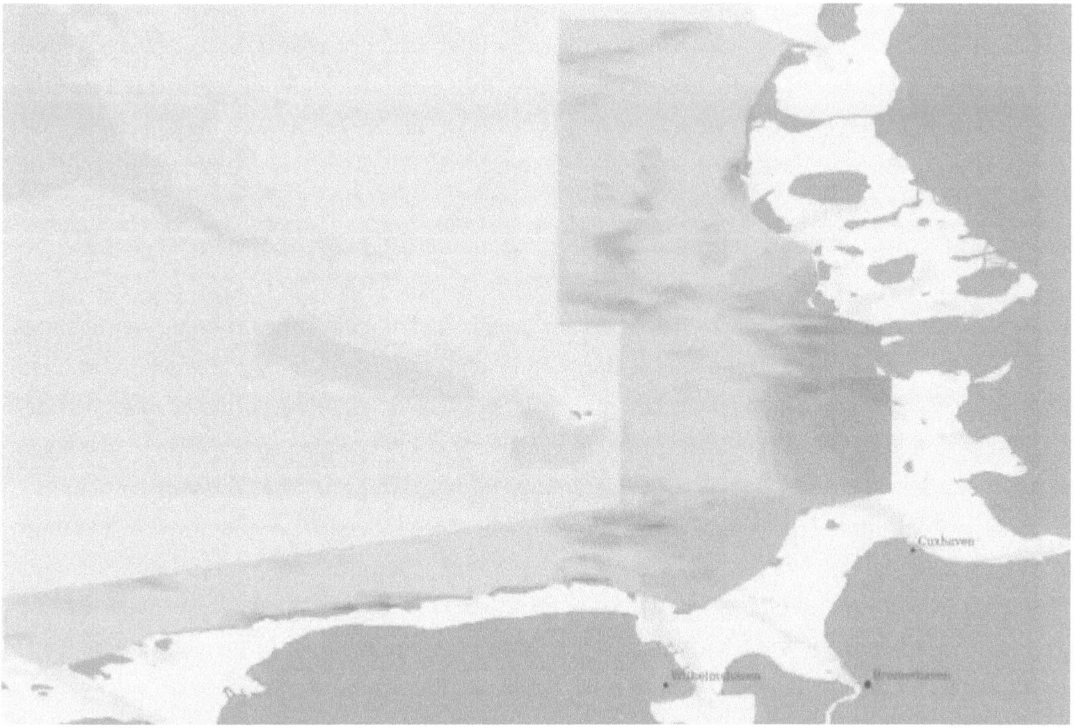

Wenn Sie eine neue Seekarte kaufen, enthält sie das Datum der Herausgabe vom BSH am unteren Rand und das Datum der letzten Berichtigung. Die von einer zugelassenen Berichtigungsstelle vorgenommenen Berichtigungen erkennen Sie an einem Stempel am linken unteren Rand der Seekarte. Der Stempel enthält das Datum der Nachrichten für Seefahrer, auf deren Stand sich die Karte befindet. Achten Sie darauf, dass Ihre neue Seekarte wirklich auf dem aktuellen Stand ist. Um nicht regelmäßig neue Karten kaufen zu müssen, können Sie die nachfolgenden Berichtigungen in Ihren Seekarten selbst vornehmen. Informationen zu den Berichtigungen erhalten Sie wöchentlich in den „Nachrichten für Seefahrer“ des Bundesamtes für Seeschifffahrt und Hydrographie sowie auf der Webseite des BSH. Die Änderungen nehmen Sie handschriftlich oder mithilfe kleiner Überdeckblätter zum Aufkleben vor. Da Sie stets wissen müssen, auf welchem Berichtigungsstand sich die Seekarte befindet, tragen Sie das letzte Berichtigungsdatum ebenfalls am linken unteren Rand der Karte ein.

Tipps zum Lesen der Seekarte

Um eine Seekarte lesen zu können, ist zunächst der Maßstab der Karte wichtig. Derzeit erfolgt eine internationale Vereinheitlichung der Seekarten. Das Format einer internationalen Seekarte entspricht DIN-A 0, während nationale Seekarten im Format DIN-A 1 herausgegeben werden. Die Umstellung bezieht auch die Klein- und Sportschifffahrtskarten in den Bereichen der Nord- und Ostsee sowie der Binnen-Seeschifffahrtsstraßen ein. Abhängig von der Größe des abgebildeten Seegebiets haben die internationalen Karten einen Maßstab bis 1:2.000.000. Nationale Karten decken die Küstenregionen der Staaten in kleineren Maßstäben ab. Den kleinsten Maßstab haben Hafenkarten. Sie zeigen alle Details im Hafenbecken an.

Mithilfe des Maßstabs ermitteln Sie die Entfernung zu Ihrem Ziel. Zum Arbeiten mit der Karte benötigen Sie ein Navigationsbesteck mit Zirkel und Geodreiecken. Stellen Sie den Zirkel so ein, dass er geöffnet vom Startpunkt bis zum Zielpunkt reicht. Legen Sie den so geöffneten Zirkel anschließend am linken oder rechten Kartenrand an. Die dort befindliche Skala zeigt die Breitengrade in Grad und Minuten an. Eine Minute auf der Skala entspricht einer Seemeile, diese wiederum einer Entfernung von 1,8518 Kilometern. Diese Möglichkeit besteht jedoch nur mit den Skalen an der rechten und linken Seite. Das Anlegen des Zirkels an der oberen oder unteren Seite der Karte führt zu keinem Ergebnis.

Neben der Entfernung ist häufig die Position eines Punktes auf der Seekarte interessant, beispielsweise eines Schifffahrtszeichens. Seekarten stellen die Positionen in Grad, Minuten und Sekunden anhand der Längen- und Breitengrade dar. Dazu ermitteln Sie mit dem Zirkel auf der Karte die Entfernung zwischen dem gewünschten Zielpunkt und dem nächsten Breitengrad. Am rechten oder linken Kartenrand legen Sie nun den Zirkel wieder an der Skala an. Ein Schenkel des Zirkels befindet sich auf der Höhe des Zielpunktes und der zweite zeigt zum nächsten Breitengrad. Nun lesen Sie den exakten Breitengrad einfach an der Skala ab. Im zweiten Schritt ermitteln Sie den Längengrad der gesuchten Position. Dazu messen Sie mit dem Zirkel vom Ziel nach rechts bis zum nächsten Längengrad. Den so geöffneten Zirkel legen Sie nun auf der Höhe des Zielpunktes an die Skala des oberen oder unteren Randes der Seekarte an. So lesen Sie den Längengrad Ihrer Position ab.

1.5 WICHTIGE ZEICHEN UND ABKÜRZUNGEN

Wenn Sie zum ersten Mal eine Seekarte betrachten, mag sie Ihnen sehr unübersichtlich erscheinen. Das gilt insbesondere an den Küsten und umso mehr im Mündungsbereich von Flüssen. Zahlreiche Ziffern, Abkürzungen und Zeichen drängen sich teilweise eng aneinander. Der Platz auf der Seekarte reicht nicht für detaillierte Beschreibungen aus. Daher bedient man sich international genormter Zeichen und Abkürzungen.

Eine Auflistung und Erklärung dazu enthält die Karte 1 der internationalen Seekarte INT 1 des BSH. Diese deutschen Karten enthalten die Erklärungen in deutscher und englischer Sprache. Verwenden Sie eine in einem anderen Land herausgegebene Karte, finden Sie die Erklärungen darin in der jeweiligen Landessprache und immer auch in englischer Übersetzung.

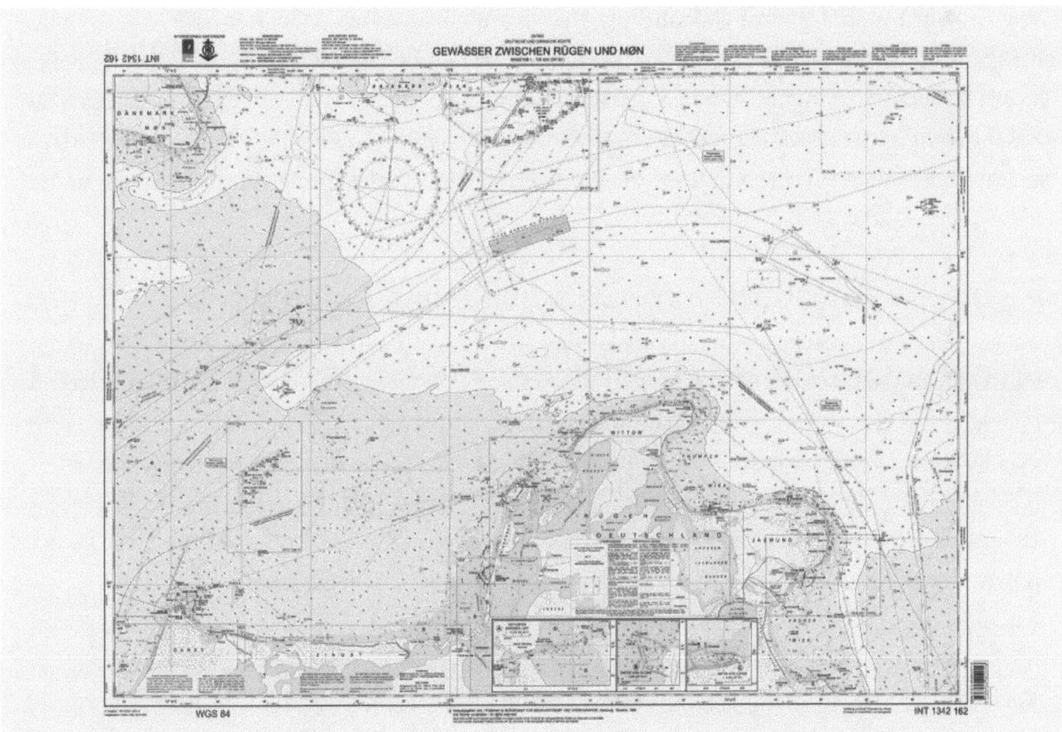

Ausschnitt der Übungskarte„ Gewässer zwischen Rügen und Møn" INT 1342 des Bundesamtes für See-Schifffahrt und Hydrographie (BSH). https://linchart60.bsh.de/chartserver/thumbnails/800/800_162.png

1.6 DIE WICHTIGSTEN LEUCHTFEUER

Leuchtfeuer begegnen Schiffsführern vorwiegend auf Seeschifffahrtsstraßen. Im Bereich von Binnenwasserstraßen befinden sich Leuchttürme insbesondere dann, wenn aufgrund der Größe des Gewässers oder anderer Besonderheiten keine Beschilderung möglich ist. Leuchttürme mit navigatorischer Funktion befinden sich in Deutschland an folgenden Binnen-Gewässern:

- Ems-Jade-Kanal in Aurich,
- Soeste in Barßel, Cloppenburg,
- Plauer See in Ludwigslust-Parchim,
- Bodensee in Lindau,
- Bodensee in Konstanz (Molenfeuer).

Neben Leuchttürmen in unterschiedlichen Höhen und Bauweisen dienen verschiedene andere Lichtsignale der Orientierung und Navigation bei Dunkelheit und schlechter Sicht. Dabei handelt es sich vorwiegend um Tonnen im Bereich der Wasserstraßen. Seltener sind Feuerschiffe. In deutschen Gewässern gibt es derzeit noch zwei Liegeplätze für unbemannte Feuerschiffe im Bereich der Deutschen Bucht. Sie liegen in tiefen Gewässern vor Anker, die eine Befestigung von Tonnen erschweren.

Leuchtfeuer mit verschiedenen Aufgaben

Leuchttürme und andere Leuchtzeichen erfüllen unterschiedliche Funktionen. Sie dienen der Orientierung auf See sowie der Sicherheit, markieren Fahrrinnen und Hafen-Einfahrten oder weisen den exakten Weg. Aufgrund ihrer Funktion erfolgt folgende Unterscheidung der Leuchtfeuer:

- **Orientierungsfeuer** unterstützen die Positionsbestimmung in Küstenbereichen und haben daher eine geringe Leuchtweite
- **Anlandefeuer** dienen als erstes Licht, das ein Schiffsführer von See kommend erkennen kann. Sie haben eine große Leuchtweite.
- **Torfeuer** markieren wichtige Schifffahrtswege im Bereich von Fahrrinnen, Kanälen oder Flüssen.
- **Seefeuer** ermöglichen die Positionsbestimmung auf offener See.
- **Leitfeuer** markieren mit unterschiedlichen Kennungssektoren spezielle Schifffahrtswege in Bereichen von Fahrwasser, Gefahrenstellen oder Hafeneinfahrten.

- **Richtfeuer** markieren das Fahrwasser.
- **Molenfeuer** haben ihren Platz am Molenkopf einer Hafeneinfahrt und markieren die Steuerbord- und Backbordseiten enger Passagen und Hafeneinfahrten.
- **Quermarkenfeuer** leuchten quer zum Kurs und weisen durch unterschiedliche Sektoren auf notwendige Kursänderungen hin.
- **Warnfeuer** markieren unsicheres Fahrwasser oder gefährliche Bereiche.

Grundsätzlich unterscheiden sich die Leuchtfeuer und andere Schifffahrtszeichen in das Lateralsystem, das Kardinalsystem und Einzelgefahrenzeichen.
Leuchtfeuer des **Lateralsystems** wie Molenfeuer, Torfeuer oder Richtfeuer begrenzen als seitliche Markierung das Fahrwasser. Sie befinden sich stets auf beiden Seiten des Fahrwassers und weisen durch ihre Form, das Toppzeichen, die Farbe und die Lichtfarbe darauf hin, an welcher Seite sie zu passieren sind. Rote Tonnen mit rotem Leuchtfeuer markieren von See kommend die Backbordseite, grüne Tonnen mit grünem Licht die Steuerbordseite der Fahrrinne. Tonnen des Lateralsystems sind zusätzlich an verschiedenen Toppzeichen zu erkennen. Grundsätzlich haben die grünen Tonnen der Steuerbordseite eine spitze Form oder spitze Toppzeichen. Die roten Tonnen der Backbordseite sind an der Oberseite stumpf geformt. Zusätzlich verfügen Lateralfeuer meist über eine Nummerierung. Sie zeigt die Länge des Fahrwassers bis zum Ziel an.

Insbesondere für Erwerber des Sportbootführerscheins See kann die Befeuerung der Fahrrinnen verwirrend erscheinen, da sie stets aus der Sicht von See erfolgt. Beim Fahren in Richtung der offenen See befinden sie sich daher auf der jeweils anderen Seite. Da auch küstennahe Bereiche einiger Flussmündungen wie Elbe, Weser oder Ems zu den Seewasserstraßen gehören, sind sie ebenfalls aus der Sicht von See gekennzeichnet.

Das **Kardinalsystem** umfasst Tonnen und Leuchtfeuer zur Markierung von Hindernissen, Untiefen und anderen Gefahrenstellen. Die schwarz-gelben Kardinalzeichen sind mit zwei kegelförmigen Toppzeichen versehen. Die Anordnung der Kegel weist auf die Himmelsrichtung hin, in der sich die Tonne zur Gefahrenstelle befindet. Ferner sind Kardinalzeichen befeuert. Die Kennung der Befeuerung gibt ebenfalls einen Hinweis auf die Position.

Weder dem Kardinal- noch dem Lateralsystem gehören **Einzelgefahrzeichen** an. Diese Tonnen dienen als Hinweis auf kleine Gefahrenstellen, die an allen Seiten der Tonne passiert werden können. Die rot-schwarzen Tonnen können ebenfalls mit einer Befeuerung ausgestattet sein.

Leuchtfeuer richtig erkennen

Um die Funktion und Position eines Leuchtfeuers bei Dunkelheit und schlechten Sichtverhältnissen wie Nebel zu verdeutlichen, verfügen alle Leuchtzeichen über individuelle Kennungen. Die Kennung umfasst die Farbe und die Taktung des Lichts sowie die Wiederkehr und Abfolge der Lichtintervalle. Auch die Höhe des Feuers sowie seine Tragweite oder Sichtweite des Lichts erlauben weitere Rückschlüsse.

Neben weißem Licht strahlen Leuchtfeuer auch rot oder grün. Quermarkenfeuer und Leitfeuer, auch als Sektorenfeuer bezeichnet, verfügen außerdem über Sektoren mit unterschiedlichen Farben. Ist die mittlere, weiße oder bei zweifarbigen Feuern die grüne Sektion sichtbar, befinden sich Schiffe auf dem richtigen Kurs. Wird für ein Schiff der rote Sektor sichtbar, ist eine Kursänderung bis zur Erkennung des mittleren oder grünen Sektors notwendig.

Wie bereits beschrieben, besteht das Lateralsystem aus Tonnen und Leuchttürmen mit roter Befeuerung auf der Backbordseite und grünem Licht auf der Steuerbordseite. Auf Seewasserstraßen richtet sich die Kennung des Lateralsystems stets nach der Betrachtung von See aus. Auf Binnenwasserstraßen erfolgt die Kennung stromaufwärts, also ebenfalls von der Mündung in Richtung der Quelle.

Richtfeuer bestehen typischerweise aus zwei Leuchtfeuern als Ober- und Unterfeuer. Sie zeigen die richtige Navigation in einem Fahrwasser an, wenn Ober- und Unterfeuer in Deckpeilung erkennbar sind. Die Leuchtstrahlen beider Leuchtfeuer erscheinen bei richtigem Kurs exakt übereinander.

Kardinalfeuer und Einzelgefahrzeichen leuchten grundsätzlich weiß oder rot.

Taktung und Wiederkehr von Leuchtfeuern

Neben den Leuchtfarben sind Leuchtfeuer an der Taktung und Wiederkehr ihrer Leuchtzeichen erkennbar. Eine grundsätzliche Unterscheidung besteht zwischen:

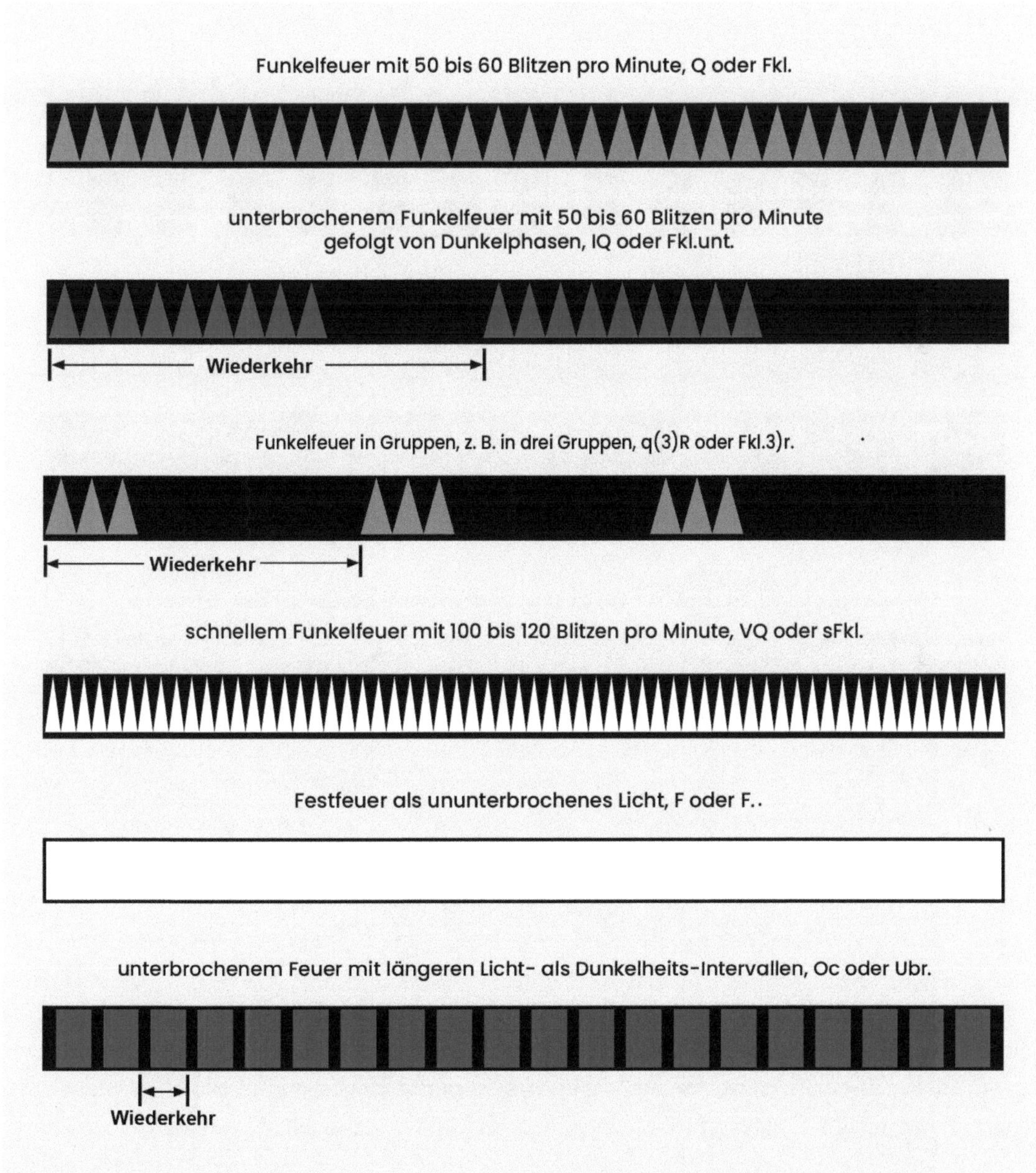

unterbrochenem Feuer mit längeren Licht- als Dunkelheits-Intervallen, Oc oder Ubr.

Gleichtaktfeuer mit gleich langen Licht- und Dunkelphasen, Iso oder Glt.

Blinkfeuer mit längeren Licht- als Dunkelheitsphasen über zwei Sekunden, LFl oder Blk.

Blitzfeuer mit kürzeren Licht- als Dunkelheitsphasen unter zwei Sekunden, Fl oder Blz.

Morsecode mit einer Abfolge unterschiedlich langer Licht- und Dunkelheitsphasen
für den Buchstaben X, Mo(x)

Leuchtfeuer können außerdem in Gruppen mit unterschiedlicher Wiederkehr erscheinen. In Seekarten und Beschreibungen weist eine Zahl in Klammern mit einer dahinter bestehenden Sekundenangabe darauf hin. Fl(3) 12s ist ein Blitzlicht in drei Gruppen, das nach 12 Sekunden wiederkehrt.

Woher weiß ich, welches Leuchtfeuer ich sehe?

Leuchtfeuer sind in den Gewässerkarten mit entsprechenden Symbolen eingezeichnet. Daneben befinden sich die in der vorhergehenden Aufzählung genannten Abkürzungen zur Beschreibung der Kennung.

➲ **BEISPIEL:**
Der neue Leuchtturm der friesischen Insel Wangerooge hat folgende Kennung:

Fl.R 5s60m23M
Dir22 - 17M

- Fl. ist die internationale Abkürzung für Blitzfeuer mit Einzelblitzen
- R steht für die Lichtfarbe Rot
- Das Seefeuer ist 0,1 Sekunde lang und wiederholt sich in 5 Sekunden
- Es befindet sich auf einer Höhe von 60 Metern mit einer Sichtweite von 23 Seemeilen

Außerdem verfügt der Leuchtturm auf Wangerooge über ein Leit- und Nebenfeuer. Das Leitfeuer leuchtet weiß, rot und grün, das Nebenfeuer weiß und rot. Leit- und Nebenfeuer befinden sich auf einer Höhe von 22 Metern und haben eine Leuchtweite von 17 Seemeilen.

Befeuerung von Tonnen

Tonnen des Lateralsystems leuchten auf der Steuerbordseite der Fahrrinne grün und an der Backbordseite rot. Ebenso wie Leuchttürme sind sie als Symbole mit ihrer Kennung in den Seekarten eingetragen. Ein kleiner farbiger Strahl zeigt die Farbe des Feuers an. Die neben dem Symbol vermerkten Abkürzungen beschreiben die Kennung. Fl.G.4s bezeichnet eine Tonne mit grünem Blitzlicht im Abstand von 4 Sekunden. Ihr gegenüber befindet sich an der Backbordseite der Fahrrinne das Leuchtzeichen Fl.R.4s, also eine Tonne mit rotem Blitzlicht im Abstand von vier Sekunden.

Tonnen des Kardinalsystems sind in Seekarten mit ihrem Toppzeichen eingezeichnet. Anhand der Seekarte ist also bereits erkennbar, an welcher Seite sie zu passieren sind. Auch weisen Abkürzungen sowie ein roter oder gelber Strahl auf die Farbe des Lichts und die Taktung hin. Ein eingezeichneter gelber Strahl steht für gelbes oder weißes Licht. In der Regel haben Tonnen des Kardinalsystems Funkelfeuer, das als Q, IQ, VQ oder UQ bezeichnet wird. Neben diesen internationalen Bezeichnungen der Kennung sind in deutschen Seekarten die in der Aufzählung des vorherigen Kapitels genannten deutschen Abkürzungen gebräuchlich.

Auch Gefahrenzeichen können über eine Befeuerung verfügen. Die Beschreibung ihrer Kennung in der Seekarte entspricht der allgemeinen Systematik.

Neben der Darstellung in See- und Gewässerkarten beschreiben offizielle Leuchtfeuer-Verzeichnisse der für die Gewässer zuständigen Behörden jedes Leuchtfeuer detailliert.

ÜBUNGEN

1. Welche Arten von Funkelfeuer gibt es, wie werden sie auf internationalen Seekarten bezeichnet und was kennzeichnet sie?
2. Was besagt folgende Erläuterung neben einem Leuchtfeuer auf der Seekarte? Fl(3) 12s, G 56m, 18M
3. Wo befinden sich Molenfeuer?

1.7 SCHIFFFAHRTSZEICHEN ERKENNEN

Zwischen den Schifffahrtszeichen auf Binnengewässern und Seestraßen gibt es einige Unterschiede. An Flüssen und Kanälen besteht die Möglichkeit, Schilder an den Ufern oder an Brücken anzubringen. Auf See ist das nur im Bereich von Flussmündungen, Häfen und Hafeneinfahrten sowie in Deutschland auf dem Nord-Ostsee-Kanal möglich. Auf offener See dienen vorwiegend Tonnen als Seezeichen.
In der Binnenschifffahrt und der Seeschifffahrt gibt es zudem eine Unterscheidung zwischen:

- Gebotszeichen,
- Verbotszeichen,
- Warnzeichen,
- Hinweiszeichen,
- Körperzeichen in Form von Tonnen oder Pricken.

Verbots- und Gebotszeichen sind Tafeln mit weißem Hintergrund, einer roten Umrandung und schwarzen Beschriftungen oder Symbolen. Hinweiszeichen haben in der Regel einen blauen Hintergrund mit weißen Zeichen. Warnzeichen mit weißem Hintergrund und schwarzen Piktogrammen oder Beschriftungen weisen auf mögliche Beschränkungen der Schifffahrt hin.

Verbotszeichen auf Binnenwasserstraßen

	Überholverbot		Fahrverbot für die Schifffahrt
	Begegnungsverbot		Gesperrte Wasserfläche, für Kleinfahrzeuge ohne Antrieb befahrbar
	Sog und Wellenschlag vermeiden		Fahrverbot für Fahrzeuge mit Maschinenantrieb
	Ankerverbot	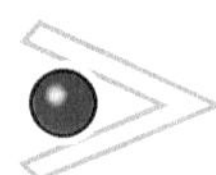	Einfahrt in Hafen oder Nebenwasserstraße verboten
	Festmache-Verbot		Wendeverbot
	Liegeverbot		

Gebotszeichen auf Binnenwasserstraßen

	Haltegebot		vorgeschriebene Fahrtrichtung
	Gebot, ein Schallzeichen in der angegebenen Form abzugeben		Höchst-Geschwindigkeit gegenüber dem Ufer
	Mindestabstand einhalten		Gebot, besondere Vorsicht walten zu lassen
	Durchfahrt unter Brücken nur zwischen den Tafeln erlaubt		

Schwarz Rot Blau Gelb

Hinweiszeichen auf Binnenwasserstraßen

	Empfohlene Durchfahrt unter Brücken zwischen den beiden Tafeln		Wasserskifahren gestattet
	Empfohlener Wendeplatz (Stillliegen verboten)		Wassermotorräder gestattet
	Wehr		Liegestelle für Fahrzeuge mit explosiven Stoffen, für Kleinfahrzeuge verboten
	Ende einer Verbots- oder Gebotsstrecke	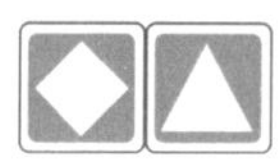	Liegestelle für Fahrzeuge ohne gefährliche Güter, auch für Kleinfahrzeuge

Zahlreiche weitere Hinweiszeichen sind insbesondere auf Binnenwasserstraßen oder in Hafengebieten zu finden. Sie weisen auf spezielle Liegeplätze, Flächen oder Anlagen hin.

Brückenzeichen auf Binnenwasserstraßen

	Empfohlene Durchfahrt mit Gegenverkehr	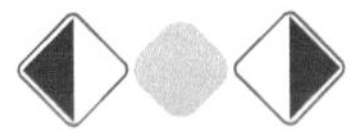	Empfohlene Durchfahrt mit Gegenverkehr und seitliche Begrenzung der erlaubten Brücken-durchfahrt
	Empfohlene Durchfahrt ohne Gegenverkehr		

Ampelzeichen auf Binnenwasserstraßen

	Anlage dauerhaft gesperrt	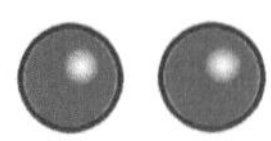	Einfahrt frei, Gegenver-kehr gesperrt
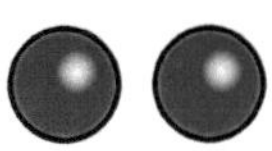	Brücke, Sperrwerk oder Schleuse geschlossen	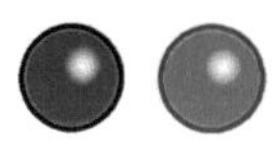	Einfahrt verboten, Öff-nung der Schleuse wird vorbereitet

Verbotszeichen auf Seeschifffahrtsstraßen

Überholverbot

Festmache- und Liegeverbot

Begegnungsverbot

Verbot der Durchfahrt und Sperrung der Schifffahrt

Ankerverbot

Gebotszeichen auf Seeschifffahrtsstraßen

Sog und Wellenschlag vermeiden

Gebot, ein Schallzeichen in angegebener Form abzugeben

Mindestabstand

Maximalgeschwindigkeit in km/h durch das Wasser auf dem Nord-Ostsee-Kanal

Haltegebot

Hinweiszeichen auf Seeschifffahrtsstraßen

Ende einer Gebots- oder Verbotsstrecke

Sperrung der Schifffahrtsstraße am Tag

Wasserski oder Wassermotorräder erlaubt

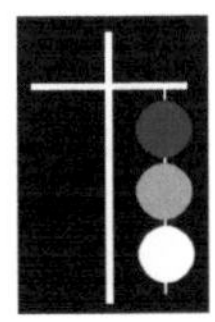

Sperrung der Schifffahrtsstraße bei Nacht

Schutzbedürftige Anlage am Tag

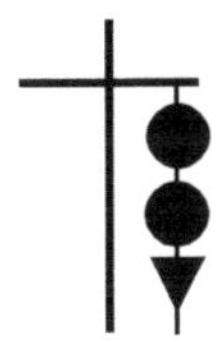

Außergewöhnliche Schifffahrtsbehinderung am Tag

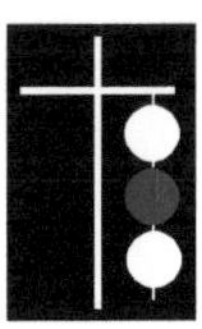

Schutzbedürftige Anlage bei Nacht

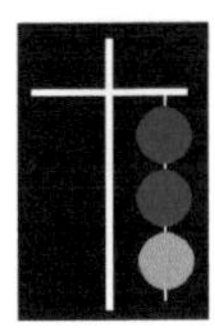

Außergewöhnliche Schifffahrtsbehinderung bei Nacht

Körperzeichen und Tonnen auf Seewasserstraßen

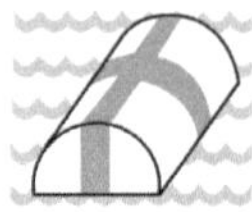

Badezone, Fahrverbot für Maschinenfahrzeuge

Backbordseite des Fahrwassers von See kommend (rote Stumpftonne)

Badezone, max. 8 km/h innerhalb von 500 m vom Ufer

Backbordseite des Fahrwassers von See kommend (Pricke mit unten zusammengebundenen Zweigen)

Kennzeichnung der Zufahrt zu Fahrwassern und der Mitte von Schifffahrtswegen

Steuerbordseite des durchgehenden Fahrwassers, Backbordseite des abzweigenden oder einmündenden Fahrwassers

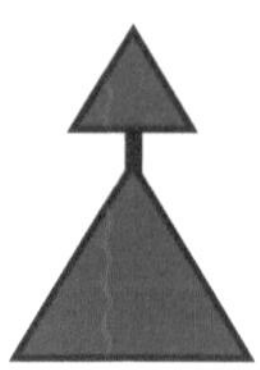

Steuerbordseite des Fahrwassers von See kommend (Grüne Spitztonne)

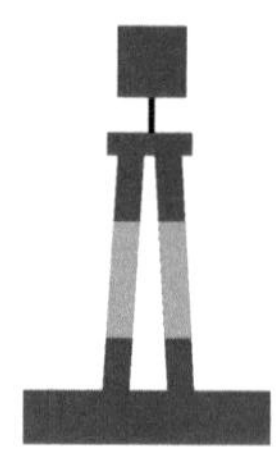

Backbordseite des durchgehenden Fahrwassers, Steuerbordseite des abzweigenden oder einmündenden Fahrwassers

Steuerbordseite des Fahrwassers von See kommend (Pricke mit oben zusammengebundenen Zweigen)

Einzelgefahrenstelle, kann an allen Seiten passiert werden

Lichtzeichen an Schleusen von Seewasserstraßen

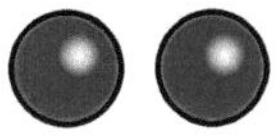	Brücke, Sperrwerk oder Schleuse geschlossen (aber in Betrieb)	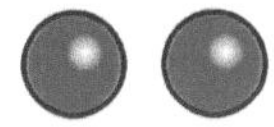	Einfahrt frei, Gegenverkehr gesperrt
	Anlage dauerhaft gesperrt		

Dokumentendownload:
bit.ly/Schiffzeichen

ÜBUNGEN

1. Was zeigt eine rechteckige Tafel mit blauem Hintergrund und einem diagonal verlaufenden weißen Balken an?
2. Woran erkenne ich Gebots- und Verbotszeichen?
3. Wie habe ich mich zu verhalten, wenn ich ein Schild mit rotem Rand, schwarzen Wellen und einem diagonal verlaufenden roten Balken sehe?

1.8 BETONNUNGSSYSTEM

Wie bereits im Absatz über Leuchtfeuer beschrieben, dienen Tonnen des Lateralsystems zur Anzeige und Begrenzung von Schifffahrtswegen. Tonnen des Kardinalsystems weisen auf Untiefen und größere Gefahrenstellen hin. Als Hinweis auf kleine Gefahrenstellen dienen Einzel-Gefahrenzeichen. Eine weitere Kategorie bilden die Sonderzeichen.

Tonnen können unterschiedliche Formen haben. Sie erscheinen als große, aus dem Wasser ragende Kegel, haben eine abgerundete, flache oder spitze Oberseite. Sie können als Pfähle gestaltet sein oder aus einem Metallgitter in verschiedenen Varianten bestehen. Maßgeblich für ihre Bedeutung sind grundsätzlich die farbliche Gestaltung, die Form der Oberseite von Tonnen des Lateralsystems und von vorhandenen Toppzeichen.

Merkmale von Tonnen des Kardinalsystems und Einzelgefahrzeichen

Kardinal-Tonnen befinden sich vorwiegend auf Seeschifffahrtsstraßen, sind aber auch auf Binnenwasserstraßen möglich. Diese Tonnen sind in den Farben **gelb und schwarz** lackiert. Als Toppzeichen besitzen sie stets **zwei Kegel**, die abhängig von der Himmelsrichtung zur Gefahrenstelle unterschiedlich angeordnet sind.

Tonnen zur Markierung einer **Einzelgefahrenstelle** sind grundsätzlich in den Farben rot und schwarz lackiert. Zwei übereinander stehende runde Toppzeichen charakterisieren diese Schifffahrtszeichen. Einzelgefahrenstellen sind kleiner als die durch Kardinal-Tonnen markierten Untiefen. Die Tonne kann daher von allen Seiten passiert werden.

Merkmale von Tonnen des Lateralsystems

Tonnen des Lateralsystems sind an der Steuerbordseite des Fahrwassers einer Seewasserstraße grün und an der Backbordseite rot lackiert. Die Steuerbordseite befindet sich auf der von See kommend rechten Seite, die **Backbordseite an der von See kommend linken Seite** der Fahrrinne. Auf Binnenwasserstraßen befinden sich die grünen Steuerbord-Tonnen am **stromaufwärts rechten Ufer** und die Backbord-Tonnen am stromaufwärts linken Ufer. Steuerbord-Tonnen haben eine spitze Form oder ein spitzes Toppzeichen. Die roten Backbord-Tonnen haben eine stumpfe Form oder ein stumpfes Toppzeichen.

Pricken an Binnen- und Seewasserstraßen befinden sich vorwiegend im Bereich des Wattenmeeres sowie in besonders flachen Zonen von Binnengewässern. Sie zeigen die Begrenzung des Fahrwassers an. Dabei handelt es sich um lange Stiele mit zu einem Besen gebundenen Zweigen an der Spitze. An der Steuerbordseite sind die Zweige oben gebunden und zeigen nach unten, an der Backbordseite sind sie unten gebunden und zeigen nach oben. Auch kleine Bäume mit einer nach oben zeigenden Krone können die Backbordseite markieren. Pricken kommen in Bereichen zum Einsatz, die sich nicht für das Auslegen von Tonnen eignen. Da sie einfach nur in den Grund gesteckt werden, gehen Pricken bei Stürmen oder Hochwasser leicht verloren. Daher werden sie regelmäßig erneuert.

In der **Mitte und am Beginn von Schifffahrtswegen** befinden sich rot-weiß lackierte Tonnen. **Abzweigende und einmündende** Fahrwasser zeigen grün-rot lackierte Tonnen mit spitzen Toppzeichen an der Steuerbordseite des Fahrwassers und stumpfen Toppzeichen an der Backbordseite des Fahrwassers an.

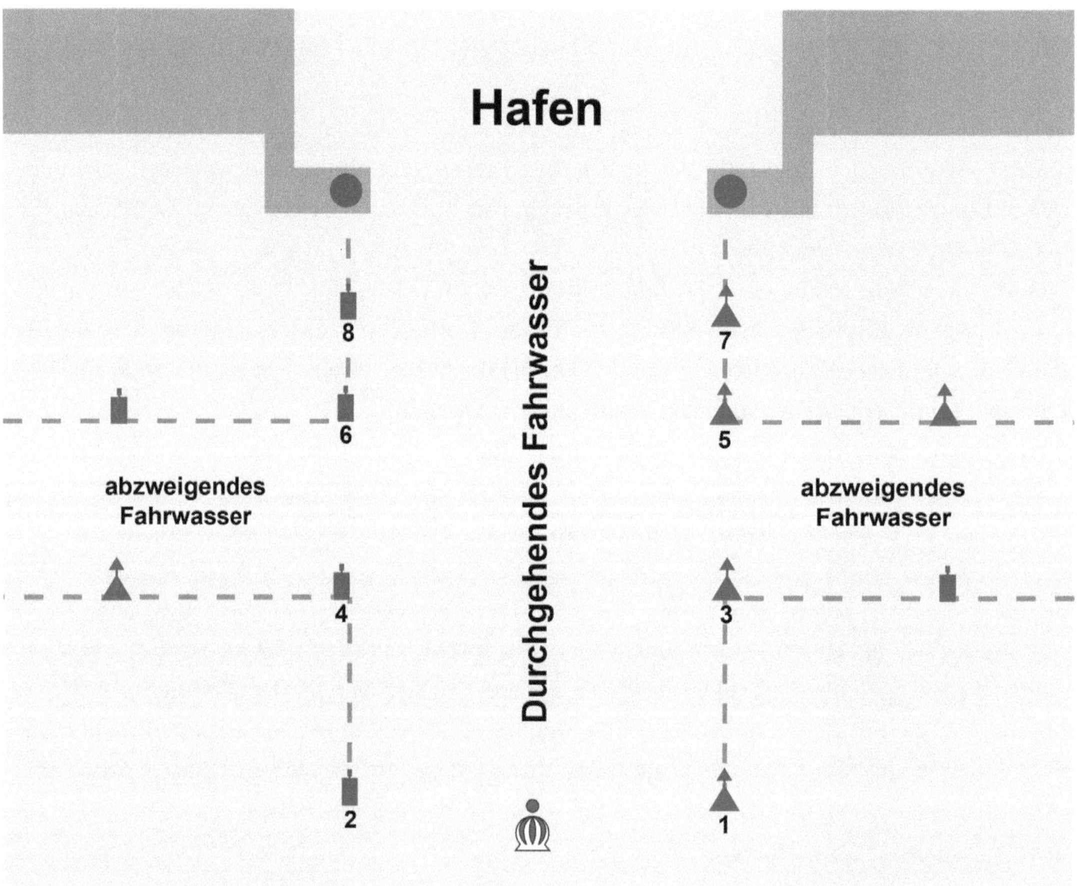

Sonderzeichen

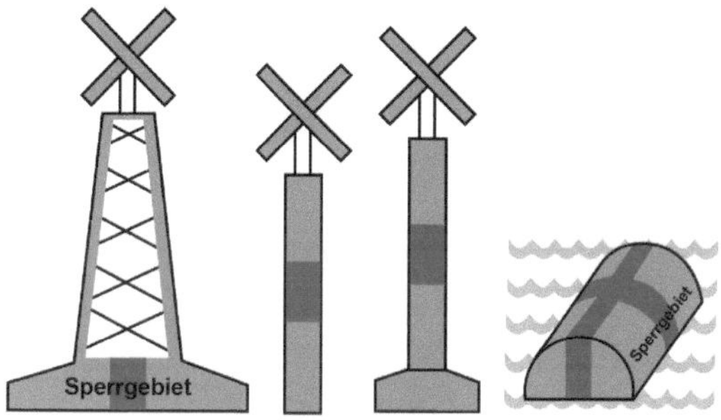

SPERRGEBIETE
z. B. militärische Gebiete
Gelbe Tonnen, Spieren oder Stangen
mit rotem Band bzw. Kreuz.
Häufig auch mit Aufschrift „SPERRGEBIET“.
Toppzeichen kann ein gelbes Kreuz sein.
Diese Gebiete keinesfalls befahren. Sofort abdrehen!

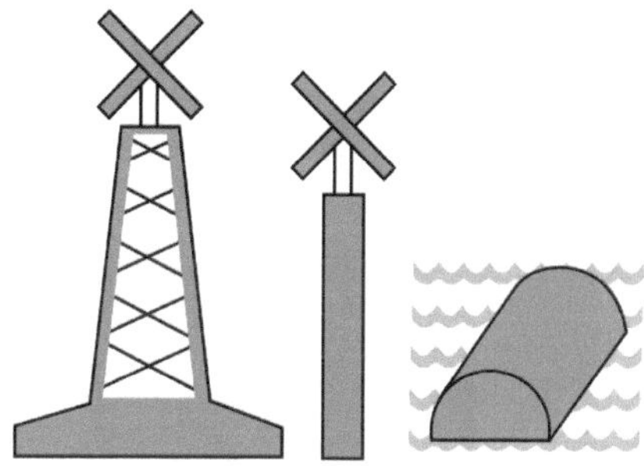

WARNGEBIETE
z. B. Fischerei- oder Fischaufzuchtgebiete,
Bereiche mit Kabel, Pipeline oder Rohren,
Schüttstelle.
Für genaue Informationen siehe immer
Revierführer.

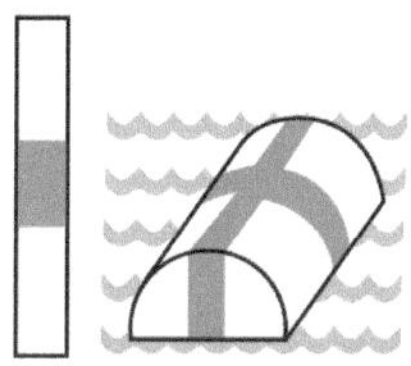

FAHRVERBOT FÜR MASCHINENFAHRZEUGE
Verbot für Surfer, Wassermotorräder und
Maschinenfahrzeuge. -Badezone-
Weiße Tonne, Spiere oder Stange mit
gelben Band oder gelben Kreuz.

In speziellen Gebieten befinden sich über das Kardinal- und Lateralsystem hinaus Sonderzeichen. Sie zeigen gesperrte oder eingeschränkt befahrbare Zonen an. Diese Tonnen sind **gelb, gelb-rot oder weiß-gelb** lackiert. Sie haben die Form von Säulen, Kugeln oder liegenden Tonnen.

Weiß-gelbe Tonnen zeigen ein Fahrverbot für Maschinenfahrzeuge und Wassermotorräder an. Hier handelt es sich in der Regel um Badezonen. Ein Mast mit einem gelben Andreaskreuz markiert ebenfalls einen Badebetrieb. Dieses Zeichen erlaubt das Befahren der Zone innerhalb von 500 Metern vom Ufer mit einer Höchstgeschwindigkeit von 8 km/h. Sperrgebiete, in denen sich kein Wasserfahrzeug aufhalten darf, sind an gelb-roten Tonnen erkennbar. Sie sind oft zusätzlich mit einem gelben Andreaskreuz als Toppzeichen versehen.

Gelbe Tonnen zeigen Reeden, also Ankerplätze außerhalb von Häfen an. Mit einem P markierte Tonnen sind spezielle Ankerplätze für Wasserfahrzeuge mit gefährlichen Gütern. Ist die Tonne mit einem Q beschriftet, weisen sie auf einen Ankerplatz für unter Quarantäne stehende Schiffe hin. Besondere Gefahrenstellen sind an gelben Tonnen in verschiedenen Formen mit einem Andreaskreuz als Toppzeichen erkennbar. Dabei kann es sich um Fischereizonen oder Gebiete handeln, in denen Kabel, Rohrleitungen und andere mögliche Hindernisse verlaufen.

Schallzeichen

Neben sichtbaren Schifffahrtszeichen in Form von Schildern, Tonnen und Lichtzeichen sind auch akustische Signale möglich. Die bekanntesten darunter sind die sogenannten **Whistle- oder Heultonnen**. Sie geben bei Nacht und schlechter Sicht einen Pfeif- oder Heulton oder den Ton eines Nebelhorns ab. Auch Leuchtfeuer können zusätzlich mit akustischen Warnsignalen wie Nebelhörnern ausgestattet sein. Weitere eher seltene Varianten sind **Gong- und Glockentonnen**. Eine Glockentonne befindet sich in Deutschland noch im Bereich der Kieler Förde. Sie weist bei Wellengang durch das Schlagen von vier Klöppeln gegen eine kleine Glocke akustisch auf eine Untiefe hin.

ÜBUNGEN

1. Auf einer Binnenwasserstraße befindet sich eine grüne Tonne mit einem roten Streifen in der Mitte. Welchem System gehört die Tonne an und worauf weist sie hin?
2. Auf Seewasserstraßen befinden sich speziell im Wattenmeer Pfähle mit besenförmig zusammengebunden Zweigen. Die Zweige sind oben zusammengebunden und zeigen nach unten. Haben diese Pfähle eine spezielle Bedeutung?
3. Welche Form und Farbe haben Tonnen des Lateralsystems auf der Backbordseite von Seewasserstraßen?

1.9 GEFAHRENSTELLEN UND RADARREFLEKTOREN

Typische Gefahrenstellen auf dem Meer oder Binnengewässern sind Untiefen. Dabei handelt es sich um besonders flache Zonen in einem Gewässer, die speziell für Schiffe mit großem Tiefgang gefährlich sein können. Neben natürlichen Ursachen führen auch Bauwerke in Gewässern, Wracks und große versunkene Gegenstände zu Untiefen. Während ein Motorboot mit seinem flachen Rumpf Untiefen unter Umständen problemlos überfahren kann, reicht die Wassertiefe für Segelyachten mit Kiel oft nicht aus. Nicht immer ist die Höhe des Wasserstandes über der Untiefe erkennbar. Gezeiten und andere Einflüsse verändern den Wasserstand zudem ständig. Um Unfälle zu vermeiden, müssen Gefahrenstellen daher immer großzügig umfahren werden.

Kardinal-Tonnen richtig umfahren

Hinweise auf Gefahrenstellen geben die **gelb-schwarzen Tonnen** des Kardinalsystems sowie **rot-schwarze Tonnen** als Hinweis auf eine Einzelgefahrenstelle. Wie in Kapitel 1.8 beschrieben, weisen Kardinal-Tonnen auf die Position der Gefahrenstelle hin und zeigen an, an welcher Seite sie zu passieren sind. Kardinal-Tonnen können in verschiedenen Kombinationen auf eine Gefahrenstelle hinweisen. Einzeltonnen warnen nur an einer Seite der Gefahrenstelle. Insbesondere vor größeren Gefahrenbereichen warnen vier Kardinal-Tonnen in allen Himmelsrichtungen. Einen Hinweis auf die Himmelsrichtung, in der sich die Tonne neben der Gefahrenstelle befindet, liefert die Gestaltung der kegelförmigen Toppzeichen. Bei Nacht weist die Taktung des Funkelfeuers auf die Himmelsrichtung hin. Die Gefahrenzeichen sind stets in der angezeigten Himmelsrichtung und damit außerhalb der Gefahrenzone zu passieren.

Zeigen beide Kegel nach oben, befindet sich die Tonne **nördlich** der Gefahrenzone. Sie ist an ihrer Nordseite zu passieren. Beide Kegel einer **südlich** der Gefahrenstelle gelegenen und auf der Südseite zu passierenden Tonne zeigen nach unten. Eine einfache Eselsbrücke ist die Orientierung anhand einer Karte. Der Norden ist stets oben, der Süden unten.

Auf eine Gefahrenstelle **westlich** der Tonne weisen Kegel hin, deren Spitzen zueinander zeigen. Eine **östlich** gelegene und zu passierende Gefahrenstelle zeigen Kardinal-Tonnen an, deren Kegel mit der breiten Seite zueinander zeigen. Auch hierfür gibt es eine Eselsbrücke, da die so angeordneten Kegel die **ähnliche Form des Buchstaben O** aufweisen und somit leicht mit der Ostseite assoziiert werden können.

Bei Dunkelheit und schlechter Sicht weisen die **Frequenzen des Funkelfeuers** auf die Himmelsrichtung der Position hin. Die Nord-Kardinal-Tonne zeigt einen Blitz pro Sekunde. Die Süd-

Kardinal-Tonne hat eine Kennung von sechs Blitzen, einem Blinken und einer Pause in 15 Sekunden. West-Kardinal-Zeichen sind durch neun Blitze und eine Pause innerhalb von 15 Sekunden gekennzeichnet und die Ost-Kardinal-Tonne durch drei Blitze und eine Pause innerhalb von zehn Sekunden.

Einzelgefahrenstellen

Rot-schwarze Tonnen markieren Einzelgefahrenstellen von kleinem Ausmaß. Sie befinden sich direkt über der Gefahrenstelle und können an allen Seiten mit einem ausreichenden Sicherheitsabstand umfahren werden.

Gefahren an der Wasseroberfläche

Gefahren können auch von Fahrzeugen und Gegenständen an der Wasseroberfläche ausgehen. Ein ankerndes Schiff kann bereits den Schiffsverkehr einschränken. Daher ist das Ankern in ausgewiesenen Seewasserstraßen nicht erlaubt. Um ankernde Schiffe auch außerhalb von Seewasserstraßen erkennen zu können, sind spezielle Markierungen vorgesehen. Ankerlieger mit einer Länge bis zu 50 Metern sind bei Dunkelheit und schlechter Sicht an einem weißen Rundumlicht erkennbar. Über 50 Meter lange Schiffe sind mit zwei weißen Rundumlichtern ausgestattet. Am Tag weist ein sichtbar angebrachter schwarzer Ball, der sogenannte Ankerball, auf ein ankerndes Schiff hin. In der Praxis verwenden Schiffe jedoch meist auch am Tag das weiße Ankerlicht.

Eine deutlich größere Gefahr geht von manövrierunfähigen oder manövrierbehinderten Schiffen aus. Sie treiben aufgrund eines Maschinenschadens unter Umständen auf dem Wasser oder erlauben aufgrund von Beschädigungen der Ruderanlage nicht mehr alle Steuerfunktionen. **Manövrierbehinderte Schiffe** in Fahrt tragen am Tag Sichtzeichen in Form von zwei schwarzen Bällen und einem schwarzen Rhombus zwischen den Bällen. Bei Dunkelheit weisen drei Lichter auf die Manövrierbehinderung hin. Das obere und untere Licht leuchtet jeweils rot, das mittlere weiß. Über 50 Meter lange, manövrierbehinderte Schiffe in Fahrt sind zusätzlich durch weiße Toppleuchten im Bereich des Bugs und des Hecks sowie ein weißes Hecklicht und die Positionsleuchten im Bereich des Hecks zu kennzeichnen.

Manövrierunfähige Schiffe sind am Tag durch zwei übereinander angebrachte schwarze Bälle im Bereich des Bugs zu kennzeichnen. Bei Dunkelheit und schlechter Sicht weisen zwei übereinander angebrachte rote Leuchten im Bugbereich auf ein manövrierunfähiges Fahrzeug ohne Fahrt durchs Wasser hin. Ein manövrierunfähiges Schiff mit Fahrt durchs Wasser zeigt zusätzlich das weiße Hecklicht und die Positionsleuchten.

Mehr Sicherheit mit Radaranlagen

Tonnen sind für Schiffe leichter und aus großer Entfernung erkennbar, wenn sie mit Radarreflektoren ausgestattet sind. Sie reflektieren das Radarsignal des Schiffes und erscheinen in der Anzeige des Radars. Vermehrt verfügen Tonnen des Kardinalsystems und des Lateralsystems über Radarreflektoren. Sie sind damit auch bei extremer Witterung für Schiffe sichtbar, die mit einem Radargerät ausgestattet sind. Insbesondere bei starkem Nebel sind die Leuchtfeuer der Tonnen oft nur eingeschränkt sichtbar, sodass der Radar hilfreich ist.

Schiffe der Berufsschifffahrt verfügen grundsätzlich über Radaranlagen und Radarreflektoren. Dadurch sind sie ebenso wie Tonnen mit Radarreflektor auch bei schlechter Sicht frühzeitig auf dem Radarschirm erkennbar. Kollisionen können dadurch vermieden werden. Insbesondere für Yachtbesitzer, die auf große Fahrt gehen, die sogenannten Blauwasser-Fahrer, trägt die Anschaffung eines Radargeräts daher entscheidend zur Sicherheit bei.

Eine reine Radarfahrt verzichtet auf andere Vorsichtsmaßnahmen zum Erkennen von Hindernissen. Sie ist außerdem mit Schiffsgeschwindigkeiten möglich, die größer sind, als es die Sichtverhältnisse zulassen. Für die Durchführung von Radarfahrten ist ein **amtliches Radarpatent** erforderlich. Radargeräte dürfen ohne dieses Patent **ausschließlich unterstützend** zur Erkennung von Hindernissen dienen. Daher sind Geschwindigkeit und Fahrweise den Sichtverhältnissen anzupassen und die Schiffsbesatzung hat durch Sichtkontakt auf Hindernisse zu achten.

Unverzichtbar für die eigene Sicherheit: Radarreflektoren

Die Verwendung von Radarreflektoren ist an keine besonderen Voraussetzungen gebunden. Die Reflektoren erhöhen die Sicherheit auf Schiffen, Yachten und Sportbooten entscheidend. Das gilt insbesondere für Schiffe aus Holz und GFK, die keine geeignete Reflexionsfläche für Radargeräte bieten. Mit einem leistungsstarken und zuverlässigen Radarreflektor sind auch kleine Sportboote bei Dunkelheit und schlechter Sicht auf den Radarschirmen von Schiffen erkennbar. Schiffseigner schützen sich und ihre Besatzung mit diesem kleinen Zubehör wirksam vor Kollisionen.

Moderne Radarreflektoren sind vergleichsweise kompakt und einfach zu installieren. Je größer jedoch die Oberfläche eines Radarreflektors ist, umso deutlicher ist das Boot sichtbar. Über große

Oberflächen verfügen Winkelreflektoren. Dank ihrer speziellen Bauweise aus metallischen Flächen, die im 90-Grad-Winkel zueinanderstehen, reflektieren sie auch in kompakter Größe wirksam Radarsignale.

Besonders leistungsstark sind aktive Radarreflektoren. Die elektronischen Geräte senden ein starkes Radarecho zurück, sobald sie eine Radarstrahlung wahrnehmen. Auf den Radarschirmen anderer Wasserfahrzeuge ist dieses aktive Echo besonders deutlich zu erkennen.

ÜBUNGEN

1. Welches Leuchtfeuer zeigt die nördlich einer Gefahrenstelle liegende Tonne des Kardinalsystems bei Nacht?
2. Was sagt eine gelb-schwarz lackierte Tonne mit zwei nach oben zeigenden Kegeln als Toppzeichen aus und wie ist sie zu passieren?
3. Wie habe ich mich zu verhalten, wenn ich eine schwarz-rot lackierte Tonne mit zwei runden Toppzeichen sehe?
4. Wer darf Radarfahrten durchführen?
5. Welche Funktion hat ein Radarreflektor?

LÖSUNGEN ZU DEN ÜBUNGEN

KAPITEL 1.6

1. Zu den wichtigsten Funkelfeuern gehören das Funkellicht Q mit 50 bis 60 Blitzen pro Minute, das schnelle Funkellicht VQ mit 100 bis 120 Blitzen pro Minute und das unterbrochene Funkelfeuer IQ mit dunklen Phasen zwischen Gruppen von Blitzen. Die Abkürzung UQ steht für ultraschnelles Funkellicht mit 200 bis 240 Blitzen pro Minute.
2. Die Beschreibung Fl(3) 12s, G 56m, 18M neben dem Symbol eines Leuchtfeuers besagt, dass es sich um ein Blitzfeuer mit drei aufeinanderfolgenden Blitzen und einer Wiederkehr nach zwölf Sekunden handelt. Das Feuer leuchtet grün und befindet sich auf einer Höhe von 56 Metern. Die Sichtweite beträgt 18 Seemeilen.
3. Molenfeuer sind meist kleine Leuchttürme. Sie befinden sich am Ende von Hafenmauern und markieren als Steuerbord- und Backbordfeuer des Lateralsystems die Einfahrt in einen Hafen oder eine Engstelle.

KAPITEL 1.7

1. Ende einer Gebots- oder Verbotsstrecke.
2. Gebots- und Verbotszeichen haben eine rote Umrandung.
3. Ich habe die Geschwindigkeit so zu verringern, dass ich Sog und Wellenschlag vermeide.

KAPITEL 1.8

1. Es handelt sich um eine Tonne des Lateralsystems. Sie befindet sich auf der Backbordseite des durchgehenden Fahrwassers und weist auf ein einmündendes oder abzweigendes Fahrwasser hin. Im einmündenden Fahrwasser befindet sie sich auf der Steuerbordseite.
2. Bei den Pfählen handelt es sich um Pricken. Sie markieren Fahrrinnen in besonders flachen Gewässern. Häufig anzutreffen sind sie im Wattenmeer. Oben zusammengebundene und nach unten weisende Zweige zeigen die Steuerbordseite des Fahrwassers an.
3. Die Backbordseite einer Seewasserstraße zeigen rote Tonnen mit stumpfer Oberseite oder stumpfen Toppzeichen an.

KAPITEL 1.9

1. Die nördliche Kardinal-Tonne zeigt ein Funkelfeuer mit einem Blitz pro Sekunde.
2. Die Tonne des Kardinalsystems zeigt eine Gefahrenstelle an. Sie befindet sich nördlich der Gefahrenstelle und ist an ihrer Nordseite zu passieren.
3. Es handelt sich um eine Einzelgefahrenstelle, die an jeder Seite umfahren werden kann.
4. Für die Durchführung von Radarfahrten ist ein offizielles Radarpatent erforderlich.
5. Radarreflektoren reflektieren das Radarsignal anderer Schiffe und Yachten. Damit wird das eigene Boot oder Schiff auf den Radarschirmen sichtbar. Kollisionen werden vermieden.

Übungsdownload:
bit.ly/Uebungen-Sportboot

1.10 KOORDINATEN UND SEEMEILEN

Wer mit seinem Motor- oder Segelboot auf See unterwegs ist, muss jederzeit in der Lage sein, seine aktuelle Position und die seines Ziels zu bestimmen. Hinweismarken wie auf Binnengewässern finden sich auf offener See nicht. Der Fachbegriff für die Positionsbestimmung lautet **Navigation.** Die wichtigsten Grundlagen für das Navigieren sind Kenntnisse über das Koordinatensystem der Seekarten, das Längenmaß Seemeilen und deren Umsetzung auf eine Seekarte sowie der Umgang mit dem Kompass.

Das Koordinatensystem

Das aus Meridianen und Breitengraden bestehende Koordinatensystem ist international anerkannt und findet daher auf allen Meeren der Welt Anwendung. Dieses System unterteilt die weitgehend kugelförmige Erde in einzelne Bereiche. Anders als die Planquadrate einer Straßen- oder Landkarte berücksichtigen die Längen- und Breitengrade auf dem Globus die Form des Erdballs. Ihre Schnittpunkte begrenzen daher keine quadratischen Flächen, sondern beziehen die Rundungen ein. Daher erfolgt die Angabe der **Koordinaten in der Maßeinheit Grad, Minuten und Sekunden.** Ein Meridian stellt die kürzeste Verbindung zwischen Nord- und Südpol an der jeweiligen Position dar. Seine Länge beträgt daher den halben Umfang der Erde.

Die Bezeichnung der Meridiane beginnt mit dem durch die Sternwarte von Greenwich in Großbritannien verlaufenden **Null-Meridian.** Jeder weitere Meridian trägt als Bezeichnung die Angabe des Winkels, den er am Pol zum Null-Meridian bildet. Östliche Koordinaten tragen die östlich von Greenwich verlaufenden Meridiane und westliche, die westlich von Greenwich verlaufenden. Abgekürzt werden die Meridiane als **östliche oder westliche Länge** bezeichnet.

Die **Breitengrade** verlaufen senkrecht zu den Längengraden und unterteilen die Erde vom mittleren Breitengrad, dem Äquator oder Null-Breitengrad, aus nach Norden und Süden. Während alle Längengrade dieselbe Länge aufweisen, reduziert sich der Radius der Breitengrade, je näher sie an den Polen liegen. Die Bezeichnung der Breitengrade erfolgt auf Grundlage des Winkels, den sie am Erdmittelpunkt mit dem Äquator bilden. Nördlich des Äquators befinden sich die nördlichen Breiten und südlich von ihm die südlichen Breiten.

Da der Winkel der Meridiane die Bezeichnung λ (Lambda) und der Breitengrade die Bezeichnung ϕ (Phi) trägt, erfolgen die **Positions-Angaben** gelegentlich wie folgt:

ϕ = 20°S, λ = 040°W

Im alltäglichen Gebrauch wird auf die Angabe der Winkelbezeichnungen verzichtet, da Phi stets die Nord-Süd-Richtung und Lambda stets die Ost-West-Richtung angibt. Berlin befindet sich beispielsweise in der Position 52° 31'N, 13° 24'O.

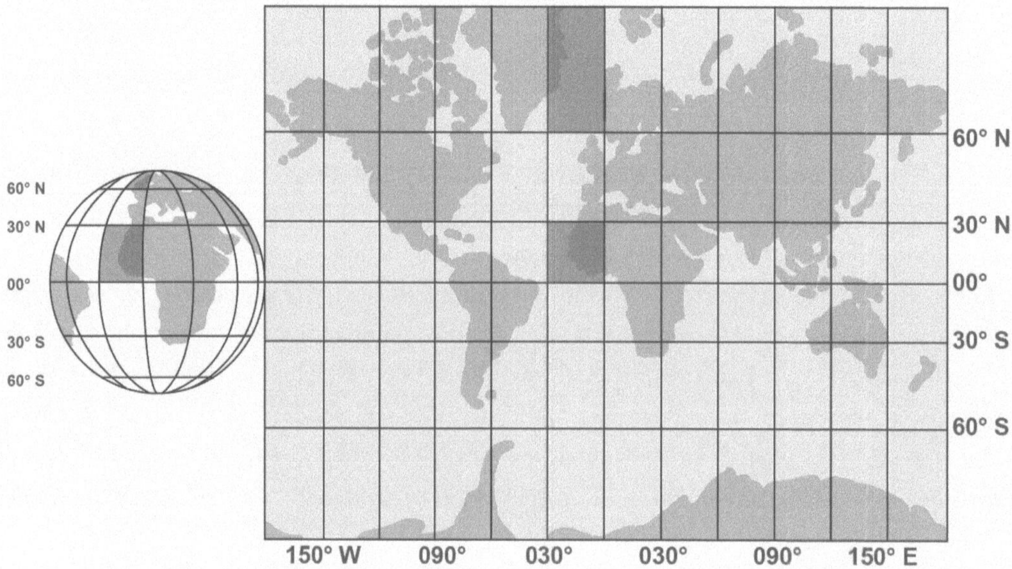

Seemeilen für die Distanzberechnung auf See

Der Form der Erde und dem Koordinatensystem passt sich die Messung der Entfernung auf den Meeren in Seemeilen an. Die Entfernung von einem Grad am größten Breitengrad, also dem Äquator von 0° auf 1° Nord oder Süd, entspricht 60 Bogenminuten. Die Seemeile bildet dabei genau die **Entfernung einer Bogenminute**. Bewegt sich ein Schiff am Äquator also um ein Grad Richtung Süden oder Norden, legt es 60 Seemeilen zurück. Diese Beziehung bildet die Basis für das exakte Maß einer **Seemeile von 1852 Metern**. Die Seemeile, abgekürzt sm, unterteilt sich in zehn Kabellängen (kbl).

Da Seekarten an ihren seitlichen Rändern die genaue Angabe der Breitenminuten enthalten, besteht die Möglichkeit, die in den Karten mithilfe des Zirkels gemessene Distanz zwischen zwei

Punkten **am seitlichen Kartenrand** abzulesen. Dazu wird der Zirkel auf den Start- und Zielpunkt ausgerichtet und anschließend in dieser Stellung am Seitenrand der Karte mit der Spitze eines Schenkels auf der Höhe des Standorts so angesetzt, dass die Spitze des anderen Schenkels sich ebenfalls an der Skalierung befindet. Die Anzahl der Bogenminuten zwischen beiden Schenkelspitzen zeigt nun die Distanz in Seemeilen an.

Diese Technik zur Distanzermittlung ist jedoch **nur an den seitlichen Rändern einer Seekarte** möglich, da nur die Abstände der Breitengrade in allen Regionen der Erde gleich sind, nicht aber die Abstände der Meridiane zueinander. Diese verringern sich mit zunehmender Nähe zu den Polen. Wichtig bei der Distanzermittlung am seitlichen Kartenrand ist zudem das Ansetzen des Zirkels **auf derselben Breite** am Kartenrand. Die zweidimensionale Darstellung auf Karten erfolgt im Wege der Mercatorprojektion und hat stets eine Nord-Süd-Verzerrung mit einem uneinheitlichen Maßstab zur Folge. Der auf der Karte angegebene Maßstab bezieht sich daher nur auf die eine betroffene Breite.

Besonderheiten der Seekarten

Während einige Landkarten die Höhenunterschiede anhand verschiedener Farben anzeigen, ist auf einer Seekarte die Wassertiefe ein wichtiges Kriterium. Daher zeigen Seekarten durch unterschiedliche Blaufärbungen die ungefähre Wassertiefe in Metern und Dezimetern an. Da die Ozeane ständigen Veränderungen unterworfen sind, ist eine genaue Tiefenangabe an keiner Stelle möglich.

Die natürlichen Veränderungen und äußere Einwirkungen wie neue Hindernisse erfordern zudem die regelmäßige Überarbeitung von Seekarten. Es ist daher wichtig, vor dem ersten Gebrauch einer Seekarte zu **überprüfen, ob sie bereits auf den neuesten Stand berichtigt wurde**. Eine beim letzten Sturm neu entstandene Untiefe oder ein neues Hindernis können verheerende Folgen für ein Schiff haben, wenn es in diese Zone fährt.

Zur Überprüfung und Korrektur der Seekarten bietet das Bundesamt für Seeschifffahrt und Hydrographie mit den Nachrichten für Seefahrer (NfS) einen Berichtigungsservice an. Schiffsführer sind dazu verpflichtet, ihre Seekarten anhand der wöchentlich erscheinenden NfS stets auf den aktuellen Stand zu korrigieren. Das **Datum der letzten Berichtigung** wird am unteren linken Kartenrand vermerkt.

ÜBUNGEN:

1. Wovon hängt die Einteilung der Meridiane in östliche und westliche Längen ab?
2. Welche Richtungen geben die Koordinaten-Winkel λ und ϕ an?
3. An welchen Rändern der Seekarte lässt sich die Entfernung in Seemeilen ablesen?

1.11 MISSWEISUNG UND DEVIATION

Wo keine sichtbaren Orientierungspunkte zur Verfügung stehen, sind Schiffsführer darauf angewiesen, ihre Fahrtrichtung mit dem Kompass zu ermitteln. Er ist also neben dem Navigationsbesteck und den Seekarten das wichtigste Werkzeug bei der Navigation. Die Kompassnadel richtet sich nach dem Magnetfeld der Erde aus und zeigt daher grundsätzlich in nördliche Richtung. Jedoch verläuft das Magnetfeld nicht immer einheitlich und parallel zu den von Norden nach Süden zeigenden Meridianen des Koordinatensystems. Vielmehr beeinflussen bestimmte geologische Formationen und Abweichungen zwischen den magnetischen und geografischen Polen die Kompass-Anzeige. Da auch ein Schiff metallische Bauteile enthält, können diese ebenfalls Ablenkungen der Kompassanzeige verursachen.

Missweisung beeinflusst den Kurs

Missweisungen entstehen durch Einflüsse des irdischen Magnetfeldes und geologischer Formationen auf den Kompass. Bleibt die Missweisung bei der Navigation unberücksichtigt, fährt das Schiff auf einem **falschen Kurs** und wird sein Ziel nicht erreichen. Daher ist es notwendig, die Missweisung bei der Kursermittlung zu berücksichtigen.

Die Missweisung bezeichnet den Winkel zwischen dem in der Seekarte angegebenen Kurs rechtweisend Nord, abgekürzt rwN, und dem durch das irdische Magnetfeld erzeugten Kurs missweisend Nord (mwN). Sie zeigt damit an, **wie groß die Abweichung der Kompassanzeige von der Anzeige der Seekarte ist**. Magnetische Einflüsse unterscheiden sich an den verschiedenen Orten der Erde. Daher ist die Missweisung nicht überall gleich groß. Zudem verändert sich die Missweisung jährlich durch Verschiebungen des nicht statischen Magnetpols.

Angaben über den Grad der Missweisung **enthalten die Seekarten** in Form einer gedruckten Kompassrose innerhalb der Karte. Die Kompassrose zeigt die Kompassnadel mit einem Pfeil in Richtung der Missweisung an. Sie ist zudem beschriftet mit der Stärke und Richtung der Missweisung sowie ihrer durchschnittlichen jährlichen Veränderung. All diese Faktoren müssen bei der Navigation berücksichtigt werden.

Rechtweisender und missweisender Kurs sind zudem abhängig von der Rechtvorausrichtung, also der Fahrtrichtung des Schiffes, abgekürzt rv. Um den rechtweisenden, also den richtigen Kurs zu ermitteln, ist der missweisende Kurs um die Missweisung zu korrigieren. Das erfolgt durch Addition bei einer östlichen Missweisung und durch Subtraktion bei westlicher Missweisung. Gleichzeitig ist die jährliche Veränderung der Missweisung in der Kursberechnung zu berücksichtigen.

BEISPIEL:
Die Kompassrose in der Seekarte zeigt folgende Missweisung an:

3°W 2020 (5'E)

Das bedeutet, dass die Missweisung im Jahr 2020 3 Grad nach Westen beträgt. Sie verändert sich jährlich um fünf Minuten nach Osten (Abkürzung E für die englische Bezeichnung East).
Der von der Kompassnadel angezeigte missweisende Kurs beträgt 042°. Die Ermittlung des rechtweisenden Kurses erfolgt mit der Rechnung:

Missweisung 2020: -03°00'W
<u>Änderung um 5›E für 2 Jahre: + 10›E</u>
Missweisung 2022: -02°50'W

mwK: 042°00'
<u>Mw 2022: -002°50'</u>
rwK 2022: 39°10'

Auf großen Seekarten können mehrere Kompassrosen mit Missweisungen abgedruckt sein. Für den Schiffsführer ist die Missweisung der dem aktuellen Standort am nächsten gelegenen Kompassrose maßgeblich.

Deviation – die Ablenkung durch das eigene Schiff

Deviation lautet die Bezeichnung für die **Ablenkung der Kompassanzeige durch metallische Gegenstände** auf dem Schiff. Sie ist besonders groß auf einem Stahlschiff. Aber auch eine Holz- oder GfK-Yacht enthält Metallteile, die sich auf die Genauigkeit der Kompassanzeige auswirken. Grundsätzlich soll der Kompass mindestens einen Meter Abstand zu metallischen und magnetischen Einflüssen haben. In der Praxis wirkt sich der restliche Schiffsmagnetismus dennoch auf die Kompassnadel aus. Um die dadurch entstehende Abweichung der Kompassanzeige auszugleichen, muss sie bei der Berechnung des Kurses ebenso berücksichtigt werden wie die Missweisung.

Ist die Kompassablenkung auf einem Schiff besonders groß, muss sie durch Anbringung kleiner Magnete unter dem Kompasshaus kompensiert werden. Insbesondere bei einer Ablenkung über 10° sollten Fachleute die Kompensation vornehmen.
Durch die Deviation richtet sich der Kompass zusätzlich zur Missweisung nach Magnetkompass-

Nord, abgekürzt MgN, aus und führt auf den falschen Magnetkompasskurs (MgK). Dabei handelt es sich um den Kurs, den der Kompass aufgrund seiner magnetischen Ablenkung anzeigt. Dieser muss **um die Ablenkung korrigiert** werden. Die Ablenkung ist zudem kursabhängig. Die Werte für die Ablenkung (Abl) auf den verschiedenen Kursen zwischen 0° und 360° gibt die für jedes Schiff ausgestellte Ablenkungstabelle an. Zur Berechnung des rechtweisenden Kurses muss der Korrektur der Missweisung die Berichtigung der Ablenkung vorausgehen. Der Magnetkompasskurs MgK wird durch Addition einer östlichen Ablenkung oder Subtraktion einer westlichen Ablenkung korrigiert. Die gesamte Kursberechnung stellt sich somit wie folgt dar:

Magnetkompasskurs MgK
+/-Deviation Abl
= missweisender Kurs
+/-Missweisung
= rechtweisender Kurs

Soll ein Kurs vom Ausgangspunkt zum Ziel errechnet werden, ist die Kompassanzeige MgK nicht verfügbar. In diesem Fall kann der rechtweisende Kurs rwK aus den Angaben in der Seekarte errechnet werden. Die Deviation Abl ist der Ablenkungstabelle zu entnehmen. Um das Ziel auf dem richtigen Kurs zu erreichen, ist in diesem Fall die Ermittlung des Magnetkompasskurses MgK notwendig. Die Berechnung erfolgt dann mit denselben Vorzeichen in umgekehrter Reihenfolge als Subtraktion von unten nach oben.

ÜBUNGEN:

1. Welche Ursachen sind für die Missweisung verantwortlich?
2. Worum handelt es sich bei der Deviation?
3. Der Schiffskompass zeigt einen Kurs von 160° an. Bei diesem Kurs beträgt die Ablenkung laut Deviationstabelle + 4°. Die Seekarte zeigt folgende Missweisung an: 1°24'W2019 (12'W). Wie lautet der rechtweisende Kurs rwK im Jahr 2022?
4. Welcher MgK muss im Sommer 2022 gesteuert werden, wenn ein Schiff einen rwK von 225° fahren möchte? Die Angabe der Missweisung in der Seekarte lautet: 006°00'E 2018 (30'W). Die Deviationstabelle des Schiffes gibt eine Abl von +006°00' an.

1.12 LOGGEN

Das Loggen dient der **Ermittlung der Geschwindigkeit**, mit der ein Schiff durch das Wasser fährt. Die Messung erfolgt in der Einheit Knoten. **Ein Knoten steht für eine Seemeile pro Stunde** und entspricht umgerechnet einer Geschwindigkeit von 1,8 Stunden-Kilometern. Gleichzeitig dient das Loggen dazu, die zurückgelegte Distanz zu ermitteln.

Das traditionelle Loggen

Die Begriffe „Loggen" und „Knoten" stammen aus der traditionellen Seefahrt. Etwa ab dem 17. Jahrhundert verwendeten Seeleute einen an einer Leine befestigten Holzscheit, um stündlich ihre Geschwindigkeit zu ermitteln. Der englischsprachige Begriff für den Holzscheit lautet „log". Die Leine war im Abstand von jeweils sieben Metern mit einem Knoten versehen. Seeleute warfen das Log ins Wasser. Während einer Zeit von 14 Sekunden, die in einer Sanduhr abliefen, zählten sie die Knoten der Leine, die durch ihre Hand glitten. Auf diese Weise entstand die Geschwindigkeitsangabe in Knoten. Die Ergebnisse des Loggens wurden ins Logbuch eingetragen. So kam auch das traditionelle Fahrtenprotokoll zu seinem Namen.

Modernes Loggen

Heute verfügen Schiffe und Yachten über einen **Impeller oder ein Paddelrad** an der Außenseite des Schiffsrumpfes im Bereich des Bugs. Diese Geräte übermitteln die unter Berücksichtigung der Wasserbewegung ermittelte Geschwindigkeit an ein Display im Cockpit. Der kleine Computer errechnet aus den verfügbaren Daten weitere Angaben wie die zurückgelegte Distanz, die Durchschnittsgeschwindigkeit oder die Tagesmeilen.

Moderne Schiffsausstattungen arbeiten mit **GPS** und benötigen keinen Sensor mehr, um ihre Geschwindigkeit über Grund und alle weiteren Daten zu ermitteln. Sie geben häufig auch die voraussichtliche Ankunftszeit und die noch verbleibende Distanz zum Ziel an. Kombi-Geräte übernehmen gleichzeitig die Aufgabe des Lots.

ÜBUNGEN:

1. Worauf bezieht sich die Geschwindigkeitsangabe „Knoten"?
2. Was ist ein traditionelles Log?
3. Welche Geschwindigkeit in km/h legt ein Schiff mit fünf Knoten Fahrt durchs Wasser zurück?

1.13 KOPPELN

Das Koppeln dient dazu, die **aktuelle Position des Schiffes auf See** zu bestimmen. Dazu werden die bereits gefahrenen Strecken auf der Seekarte eingetragen und miteinander verbunden, also gekoppelt. Durch die Kopplung ist die aktuelle Position schließlich auf der Karte erkennbar und es kann ein neuer Kurs angelegt oder der bestehende Kurs weiter gefahren werden, um das Ziel zu erreichen.

Für eine exakte Kopplung sind möglichst genaue Angaben über folgende Faktoren notwendig:

- die Startposition oder der letzte Koppelort,
- den Magnetkompasskurs MgK,
- die Missweisung Mw,
- die Ablenkung Abl,
- beim Segeln die Beschickung durch Wind BW,
- die Einwirkung der Strömung BS,
- die durchschnittlich gefahrene Geschwindigkeit,
- die Fahrzeit.

Für die erste Kopplung erfolgt die Eintragung der **Startposition mit dem rechtweisenden Kurs** in der Seekarte. Die durchschnittlich gefahrene Geschwindigkeit ist dem Log zu entnehmen, in der Regel auch die zurückgelegte Fahrzeit. Verfügt ein Schiff nicht über ein elektronisches oder GPS-gesteuertes Log, müssen die Fahrzeit an einer Uhr abgelesen und die Geschwindigkeit mit einem traditionellen Log ermittelt werden. Aus Fahrzeit und durchschnittlicher Geschwindigkeit **ergibt sich die zurückgelegte Distanz** auf dem rechtweisenden Kurs. Zur Berechnung dient die Formel:

D (sm) = FdW (kn) x t (h)

D bezeichnet die Distanz in Seemeilen, FdW die Fahrt durchs Wasser in Knoten, also die Geschwindigkeit, und t die Zeit in Stunden. Nicht zuletzt beeinflussen auch Wind und Strömung den gefahrenen Kurs und die Geschwindigkeit. Diese Angaben sind dem Wind- und Strömungsmesser zu entnehmen und bei der Eintragung des Kurses zu berücksichtigen.

Die Distanz wird mit einer **Linie von der Startposition aus bis zum Koppelort Ok**, der aktuellen Position des Schiffes, eingetragen. An der Linie vermerkt der Schiffsführer die Uhrzeit der Kopplung, die gefahrene Geschwindigkeit und die zurückgelegte Distanz. Den Koppelort markiert er **mit einem kleinen Querstrich** auf der Kurslinie. Von dieser Position aus erfolgt die nächste Kopplung.

Je genauer die für die Kopplung erforderlichen Faktoren ermittelt werden, umso exakter lässt sich der Standort bestimmen. Daher ist es sinnvoll, die Kopplung in möglichst kurzen Zeitabständen durchzuführen und nach Möglichkeit immer wieder zu überprüfen.

Neben der Distanz lassen sich auch die Fahrt, also die Geschwindigkeit, und die Fahrzeit mit folgenden Formeln ermitteln, sobald zwei Werte bekannt sind:

FdW (kn) = Distanz D (sm)/Zeitspanne t (h)

Zeitspanne t (h) = Distanz D (sm)/FdW (kn)

Schiffe und Boote mit moderner elektronischer Ausstattung erleichtern die Standortbestimmung. **GPS und Computertechnologie** übernehmen die Kopplung teilweise auf Knopfdruck. Insbesondere bei Fahrten über längere Distanzen oder gar Ozean-Überquerungen, den sogenannten Blauwasser-Fahrten, ist es aus Sicherheitsgründen sinnvoll, stets parallel zur elektronischen Ermittlung die Positionen manuell in einer Seekarte zu bestimmen. Sollte an Bord einmal der Strom ausfallen oder Wasser in die elektronischen Geräte eindringen, besteht nur noch die Möglichkeit der manuellen Navigation.

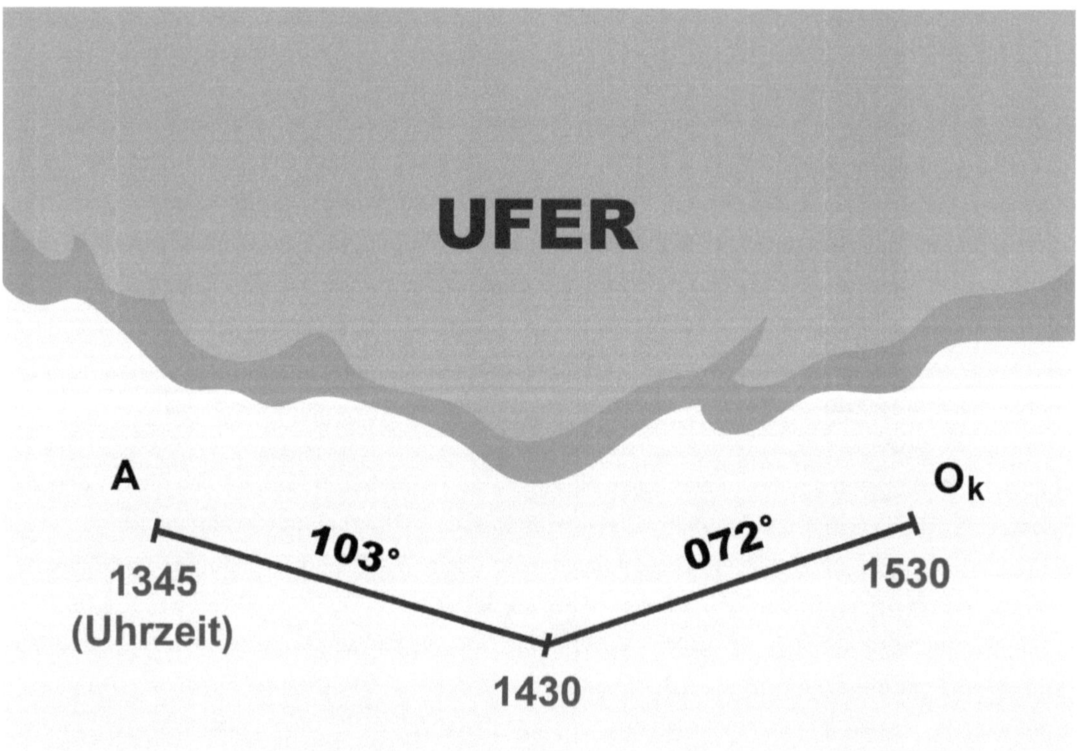

Besteck-Versetzung

Bei der Besteck-Versetzung handelt es sich um die **Differenz zwischen dem ursprünglich berechneten und dem tatsächlich erreichten Ort**. In der Fachsprache heißt es, zwischen dem berechneten Ort OK, also dem Koppelort, und dem beobachteten Ort OB. Wind und Strömung beeinflussen stets den Kurs durchs Wasser. Sie sind daher bei jeder Kursberechnung zu berücksichtigen.

Um die Besteck-Versetzung zu berechnen, ist zunächst die Distanz zwischen OK und OB zu berechnen. Anschließend erfolgt die Bestimmung des rechtweisenden Kurses für die geplante Strecke. Das Navigations-Besteck muss zur Kurskorrektur also auf der Karte verschoben, genauer gesagt, versetzt werden.

ÜBUNGEN:

1. Warum ist das regelmäßige Koppeln wichtig?
2. Was ist der Koppelort?
3. Ein Schiff fährt zwei Stunden lang mit einer Fahrt durchs Wasser von sechs Knoten. Welche Distanz legt es in dieser Zeit zurück?

1.14 PEILUNG

Die Peilung ist neben dem Koppeln ein weiteres Verfahren zur Bestimmung des Standorts eines Schiffes. Insbesondere nach einer längeren Strecke mit Kopplungen erlaubt eine mögliche Peilung eine genauere Angabe des Standorts. Voraussetzung für die terrestrische Positionsbestimmung durch Peilen ist die Verfügbarkeit von **sichtbaren Objekten**. Im Bereich der Küsten stehen zahlreiche Objekte zur Verfügung. Dazu gehören Leuchttürme, Kirchtürme, besonders hohe Schornsteine oder Berge. Auf See können Tonnen und andere Seezeichen eine Peilung ermöglichen. Fehlen auch diese, dienen natürliche Gegebenheiten wie Sonne, Mond und Sterne oder durch Echolot identifizierte, auffällige Geländeformen unter Wasser zur Peilung.

Stehen sichtbare Objekte zur Verfügung, erfolgt die Peilung als **Bestimmung der Richtung des feststehenden Objektes durch Winkelmessung**. Um die Position in der Seekarte bestimmen zu können, sind zwei Linien notwendig, die einen Schnittpunkt bilden, die sogenannten Standlinien. Diese erfordern stets zwei Peilungen zu verschiedenen Objekten. Zur Peilung dient ein spezieller Peilkompass, ein Handkompass, der sich an beliebiger Stelle auf das vorhandene Objekt ausrichten lässt, oder der Steuerkompass des Schiffes. Seltener kommt eine Peilscheibe oder ein Radar zum Einsatz. Folgende Regeln sind hilfreich, um eine **möglichst hohe Genauigkeit beim Peilen** zu erreichen:

- Nur **sicher identifizierbare Objekte**, die möglichst auch in der Seekarte eingezeichnet sind, anpeilen, um Verwechslungen zu vermeiden.
- **Nahe Objekte gegenüber fernen bevorzugen**, da sich die Ungenauigkeit mit größerer Entfernung erhöht.
- **Zuerst entfernte Objekte anpeilen**, danach die näheren, da sich durch die Fortbewegung des Schiffes der Winkel zu den näheren Objekten schnell verändert.
- Im Idealfall weisen die angepeilten Objekte einen **Winkelunterschied zwischen 60° und 120°** auf. Durch den Winkelunterschied lässt sich in der Seekarte leichter ein genauer Schnittpunkt der Peillinien ermitteln. Je flacher die Peilwinkel zueinanderstehen, umso ungenauer wird das Peilergebnis.
- Stets möglichst **schnell und genau peilen**. Während der Peilung bewegt sich das Schiff, sodass eine längere Peildauer eine höhere Ungenauigkeit mit sich bringt.

Nach Ermittlung der **exakten Richtung** zum Peilobjekt wird diese als Peillinie in die Seekarte eingetragen. Zuvor sind jedoch einige vom Peilverfahren abhängige Korrekturen notwendig. Den Peilort markiert ein kleiner Kreis. Damit unterscheidet er sich von dem mit einem Querstrich markierten Koppelort auf der Linie. Von jedem Punkt auf der Peillinie aus erscheint bei richtiger Peilung das Objekt in demselben Winkel. Übliche **Peilverfahren** sind:

- Magnetkompasspeilung (MgP),
- Seitenpeilung (SP),
- Kreuzpeilung,
- Doppelpeilung,
- Deckpeilung.

Anders als beim Koppeln können Einflüsse wie Strömung und Wind bei einer Peilung außer Acht gelassen werden. Die Peilung ist stets nur eine Momentaufnahme und bezieht sich nur auf einzelne, feststehende Punkte. Dabei ist es unwichtig, ob das Schiff gerade leicht abdriftet.

Magnetkompasspeilung

Die Magnetkompasspeilung (MgP) erfolgt über einen Peilkompass oder den Steuerkompass des Schiffes. Die genauesten Ergebnisse liefert ein kleiner Handkompass, der die Peilung direkt am Auge ermöglicht. Jede Magnetkompasspeilung unterliegt einer Missweisung und bedarf daher vor der Eintragung in die Seekarte einer Korrektur. Da sich der Handkompass nicht in der Nähe metallischer Gegenstände befindet, unterliegt er keiner Ablenkung. Bei einer MgP mit dem Steuerkompass ist die Abl ebenfalls zu berücksichtigen.

Die Magnetkompasspeilung MgP muss also genauso wie der Magnetkompasskurs MgK bei einer Kursbestimmung zunächst **um die Missweisung und unter Umständen auch die Ablenkung korrigiert** werden. Zur Erleichterung der Korrektur aller Peilungen in einem Seegebiet und auf demselben Kurs dient die Fehlweisung Fw oder Magnetkompassfehlweisung MgFw. Sie ist die Summe aus Ablenkung und Missweisung. Ebenso wie bei der Kursberechnung ist die Missweisung der Seekarte zu entnehmen und die Ablenkung für den aktuellen Kurs der Deviationstabelle des Schiffes.

Fehlweisung Fw = Ablenkung Abl + Missweisung Mw.

Die Korrektur der Peilungen auf dem Kurs in dem Seegebiet mit derselben Missweisung erfolgt dann stets mit derselben Formel:

MgP

+/- Fw (östlich +, westlich -)

=rwP (rechtweisende Peilung)

Da bei einer Magnetkompasspeilung mit dem **Handkompass die Ablenkung vernachlässigbar** ist, erfolgt die Korrektur lediglich um die Missweisung. **Auf Stahlschiffen sollte die Peilung jedoch ausschließlich über den Steuerkompass** erfolgen, da die magnetische Ablenkung auf dem gesamten Schiff besteht. Der Steuerkompass auf einem Stahlschiff ist in der Regel kompensiert und die Deviationstabelle berücksichtigt die Ablenkung. Um mit dem Steuerkompass zu peilen, wird das gesamte Schiff auf das anzupeilende Objekt ausgerichtet.

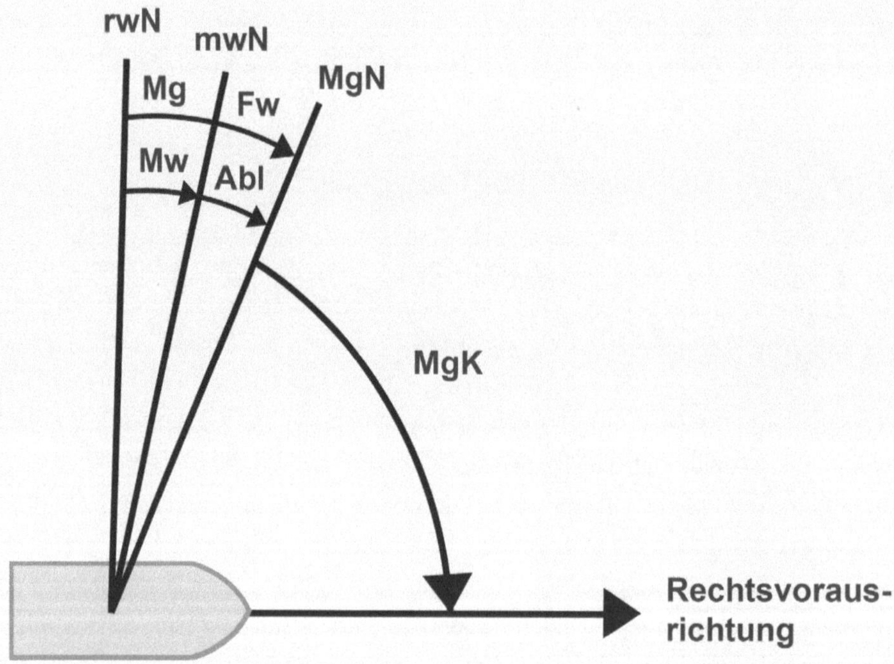

Seitenpeilung

Anders als die Magnetkompasspeilung bezieht sich die Seitenpeilung nicht auf Magnetkompass Nord (MgN), sondern auf die **Rechtvorausrichtung des Schiffs (rv)**. Die Peilung bildet daher den Winkel zwischen der seitlichen Richtung des Peilobjektes und der Rechtvorausrichtung des Schiffs.

Sie erfolgt nicht mit einem Kompass, sondern mit einer Peilscheibe. Die Nullrichtung der Peilscheibe wird exakt in Schiffsrichtung justiert. Die Messung erfolgt von recht voraus rechtsherum. Das bedeutet, dass der Winkel zu einem Objekt Steuerbord querab bei 90° liegt und bei einem Objekt Backbord querab bei 270°.

Die in der Praxis nur noch selten angewendete Seitenpeilung bedarf ebenfalls einer Korrektur, bevor sie in die Seekarte eingetragen werden kann. Zu diesem Zweck erfolgt die Berechnung:

Seitenpeilung SP
+/- rechtweisender Kurs rwK (östlich +, westlich -)
= rechtweisende Peilung rwP

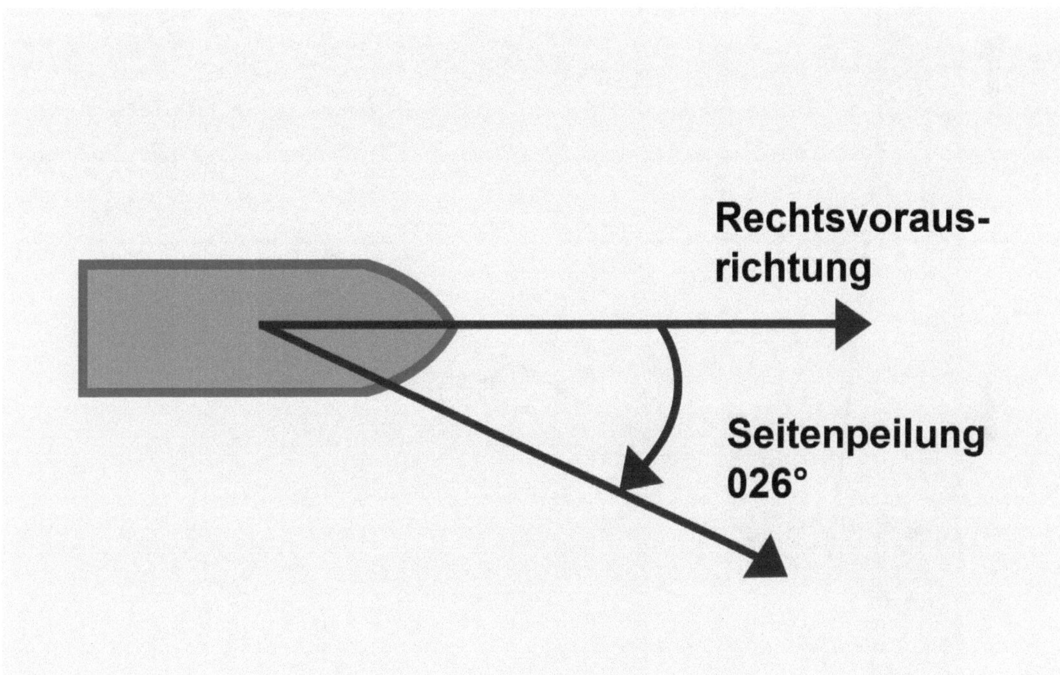

Kreuzpeilung

Die Kreuzpeilung ist die am häufigsten verwendete Technik zur Bestimmung des aktuellen Schiffsstandorts. Bei diesem Verfahren erfolgt die **Peilung von mindestens zwei verschiedenen Land- oder Seemarken** in einem kurzen Zeitabstand. Je mehr Objekte angepeilt werden, umso größer ist die Genauigkeit der Peilung. Der Schiffsstandort ergibt sich bei der Kreuzpeilung aus dem Schnittpunkt der Peillinien.

Für ein sicheres Ergebnis müssen die angepeilten Objekte in der Seekarte verzeichnet sein. Als Peilverfahren eignen sich die **Magnetkompass- und die Seitenpeilung**. Daher sind die im letzten Absatz erwähnten Korrektur-Rechnungen zu einer **rechtweisenden Peilung** notwendig, bevor die Standlinien in die Seekarte eingetragen werden.

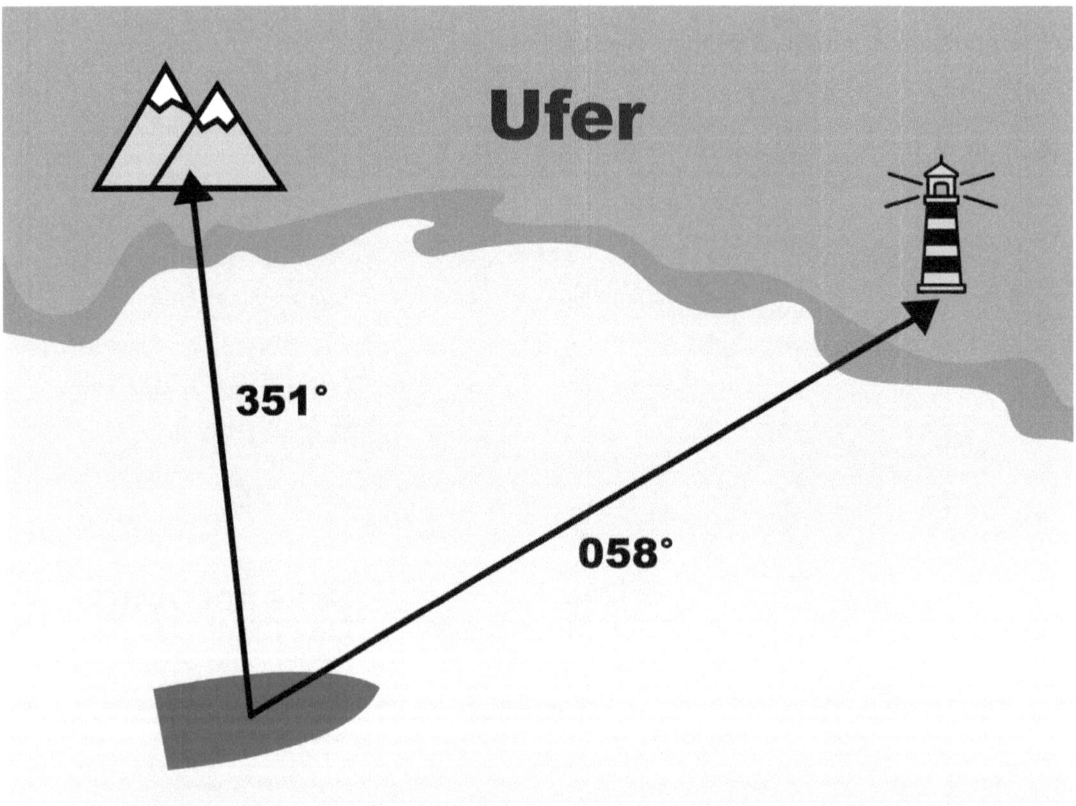

Doppelpeilung

Steht **nur ein Objekt zur Peilung** zur Verfügung, findet die Doppelpeilung Anwendung zur Standortbestimmung des Schiffs. Bei diesem Verfahren erfolgen zwei Peilungen zu demselben Objekt. Die erste Peilung geschieht vom ersten Standpunkt. Nach einer festen zurückgelegten Distanz auf demselben Kurs wird das Objekt **ein zweites Mal angepeilt.**

Der Standort ergibt sich **nach Umrechnung in rechtweisende Peilungen** als Schnittpunkt von zwei in die Seekarte eingezeichneten Standlinien. Dazu wird zunächst die Standlinie der zweiten Peilung durch das Peilobjekt gezeichnet. Anschließend erfolgt die Eintragung der Standlinie von der ersten Peilung mit dem Kurs durchs Wasser. Auf dieser Standlinie wird die zurückgelegte Distanz markiert. Eine weitere Standlinie führt nun als Parallele der ersten Peilung zum Endpunkt der zurückgelegten Distanz. Am Schnittpunkt der Parallellinie mit der zweiten Peilung befindet sich die aktuelle Schiffsposition.

Deckpeilung

Die besonders einfache Deckpeilung ist möglich, wenn sich **zwei anhand der Seekarte identifizierbare Objekte in genau einer Linie** befinden. Diese Linie wird in die Seekarte eingetragen und zeigt, dass sich das Schiff genau auf dieser Linie befindet. Korrekturrechnungen sind bei der Deckpeilung nicht nötig. Das Verfahren ist vergleichbar mit der Betrachtung eines Richtfeuers aus Ober- und Unterfeuer.

ÜBUNGEN

1. Wie setzt sich die Fehlweisung bei einer Magnetkompasspeilung zusammen?
2. Was unterscheidet eine Standlinie von einer Peillinie?
3. Welchen Winkel bildet die Seitenpeilung?
4. Eine Seitenpeilung zeigt einen Winkel von 65° an, der rechtweisende Kurs beträgt 125°. Was ist die rechtweisende Peilung?
5. Warum muss eine Kreuzpeilung in einem kurzen Zeitabstand erfolgen?

1.15 LOTEN

Ebenso wichtig wie die Kenntnis über die Position eines Schiffs auf See ist die Sicherheit über genügend Wasser unter dem Kiel. Nur eine ausreichende Wassertiefe verhindert eine Grundberührung des Schiffes. **Zur Bestimmung der Wassertiefe dient das Lot.** Es ist insbesondere im Küstenbereich und in Tidegewässern sowie beim Ankern unverzichtbar. Auf kleinen Segel- und Motorbooten kommt in der Regel ein **Handlot** zum Einsatz. Dabei handelt es sich um ein kegelförmiges Senkblei mit einem Gewicht von meist 1 bis 1,5 Kilogramm an einer 30 Meter langen Leine. Die Leine ist mit farbigen Markierungen versehen, deren Farbe jeweils nach zehn Metern wechselt. Das Handlot wird in stehender Position des Schiffes über Bord geworfen. Kommt das Lotgewicht am Grund an, zeigt die Markierung an der Wasserlinie die Wassertiefe an.

Schiffe und Yachten verfügen über ein integriertes **Echolot**, das die Wassertiefe elektronisch misst. Ein vor dem Kiel des Schiffes montierter Geber oder Schwinger sendet Ultraschallsignale zum Meeresgrund. Dort erzeugen sie ein Echo, das der Geber wieder empfängt. Anhand der Dauer vom Senden bis zum Empfang des Echos berechnet das Echolot die Wassertiefe. Je tiefer das Wasser ist, umso länger dauert die Messung. Bei Lotungen in Tidegewässern muss das Echolot auf die Höhe der Gezeit eingestellt werden.

Der Schwinger oder Geber ist mit der Echolot-Anzeige im Cockpit oder auf der Brücke des Schiffes verbunden. Sie zeigt die Wassertiefe und häufig weitere Daten an. Die Anzeige der Wassertiefe bezieht sich auf die Höhe des Gebers. Da er sich unter Wasser befindet, ist die tatsächliche Wassertiefe größer als die Anzeige. Viele Echolot-Geräte verfügen über weitere Funktionen wie einen Flachwasseralarm oder die Ankerwache.

ÜBUNGEN:

1. In welchen Situationen sollte die Wassertiefe stets mit dem Lot kontrolliert werden?
2. Bis zu welcher Wassertiefe ist die Messung mit einem handelsüblichen Handlot möglich?
3. Was ist bei der Anzeige der Wassertiefe durch das Echolot zu beachten?

1.16 AIS

Die Abkürzung AIS steht für den Begriff „Automatic Identification System". Dabei handelt es sich um ein **automatisches Schiffs-Identifikations-System** zur **Verbesserung der Sicherheit in der Seeschifffahrt und der Kollisionsverhütung**. AIS-Ausrüstungen senden und empfangen Signale über speziell für das AIS-Netz reservierte UKW-Frequenzen. Aufgrund der umfangreichen Daten, die ein mit AIS ausgestattetes Schiff sendet, besteht die Möglichkeit der eindeutigen Identifikation untereinander. Damit ist AIS deutlich leistungsfähiger als das herkömmliche Radar-System, das lediglich anzeigt, wo sich Schiffe befinden. Die höhere Leistungsfähigkeit zeigt sich auch in der Sende- und Empfangsleistung. Im Gegensatz zum Radar passieren AIS-Signale auch Hindernisse wie ein Kap oder Flussbiegungen.

Neben der gegenseitigen Erkennung haben Schiffe, Verkehrszentralen und Stationen an Land die Möglichkeit, **wichtige Daten auszutauschen**. Auch Tonnen sind häufig mit AIS-Sendern ausgestattet, sodass Schiffsführer sie unabhängig von der Sicht auf ihrem AIS-Empfänger mit ihren Koordinaten und weiteren Angaben erkennen. Der **Empfang von AIS-Daten ist kostenlos** auf diversen Empfängern möglich. Neben speziellen AIS-Empfängern erlauben Kartenplotter, Radargeräte mit AIS-Software und PC-Programme den Empfang der Daten. Selbst Apps für Smartphones bieten diese Möglichkeit, sind jedoch aufgrund ihrer Leistungsfähigkeit weniger zuverlässig.

AIS zeigt umfangreiche Informationen

Das AIS zeigt umfangreiche **statische, dynamische und reisebezogene Daten** der sendenden Schiffe an. Dazu gehören unter anderem:

- Name und Rufzeichen des Schiffs,
- MMSi-Nummer,
- internationales Funkrufzeichen,
- Schiffstyp und Schiffsmaße,
- Position des Schiffs,
- Geschwindigkeit und Kurs über Grund,
- Navigationsstatus, Kursrichtung und Kursänderungen,
- maximaler Tiefgang in dm,
- Ladungskategorie,
- Bestimmungshafen und geplante Ankunftszeit.

Durch die Anzeige des internationalen Funkrufzeichens ist es Schiffsführern etwa möglich, kurzfristig miteinander zu kommunizieren und Ausweichmanöver im direkten Kontakt abzustimmen. Schiffsführer erhalten über AIS Informationen über die Auslastung und Frequentierung von Schleusen und können sich direkt über Funk mit dem Schleusenpersonal in Verbindung setzen. Das System bietet darüber hinaus weitere Informations- und Verwendungsmöglichkeiten. Neben der Sicherheit erhöht AIS somit auch den Komfort für Schiffsführer. Es besteht zudem die Möglichkeit einer Erweiterung durch Kollisionswarner.

AIS als Pflichtausstattung auf Schiffen

In der Berufsschifffahrt ist die Ausstattung von Schiffen mit AIS Sendern und Empfängern **vorgeschrieben** für Schiffe über 300 BRZ in internationaler Fahrt und über 500 BRZ in nationaler Fahrt. Weiterhin sind Passagierschiffe mit über 50 Personen an Bord zur Ausstattung mit einem AIS-System verpflichtet. Spezielle Vorschriften einzelner Binnenwasserstraßen wie Rhein und Donau schreiben ebenfalls die Ausstattung der Berufsschifffahrt mit AIS-Anlagen vor.

Für private Yachten und kleine Schiffe besteht **keine Ausrüstungspflicht**. Ein kostengünstiges AIS Empfangsgerät ist dennoch in der Sportschifffahrt sinnvoll, um Kollisionsrisiken zu reduzieren und die umfangreichen Informationen zu nutzen.

ÜBUNGEN:

1. Was ist die Hauptaufgabe von AIS?
2. Welche Arten von Informationen sendet das Automatische Identifikationssystem?
3. Ist die Ausstattung mit einem AIS-Gerät verpflichtend für alle Schiffstypen?

1.17 KOMPASS UND NAVIGATIONSBESTECK

Kompass und Navigationsbesteck sind wichtige Instrumente zur Navigation und Standort-Bestimmung auf See. Sie haben ihren festen Platz an Bord jedes Schiffes und jedes Sportbootes. Bereits in der Prüfung zum Sportbootführerschein See benötigen Teilnehmer ihr Navigationsbesteck zur Lösung der Navigationsaufgaben.

Kompass

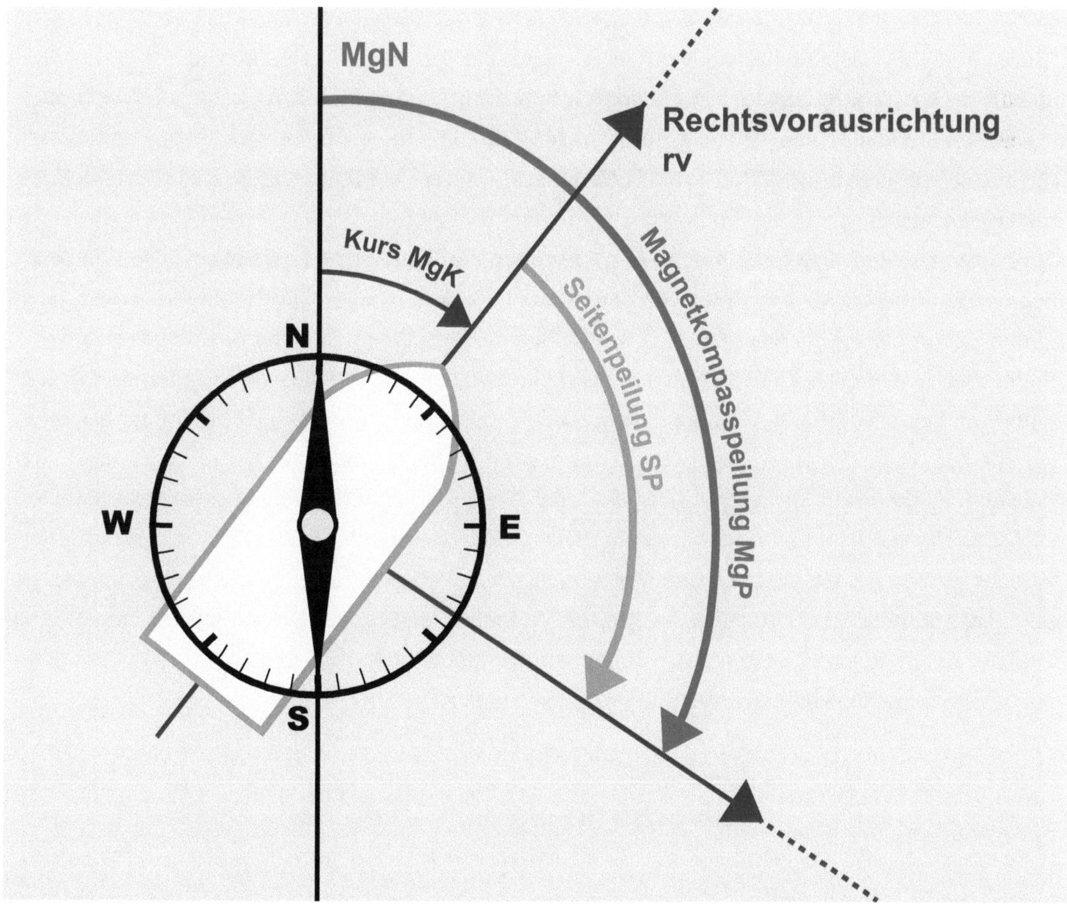

Der Kompass war bereits in mehreren Kapiteln Thema. Seine Funktion beruht auf dem Magnetfeld der Erde. Die magnetischen Pole befinden sich in der Nähe der geografischen Pole, also des

Nord- und Südpols. Sie stimmen jedoch nicht vollständig mit den geografischen Polen überein. Daraus erklärt sich unter anderem die Missweisung bei der Berechnung von Kursen und Peilung-Ergebnissen.

Da die magnetischen Kraftlinien der Erde in derselben Richtung verlaufen wie die Meridiane, pendelt sich die Kompassnadel oder die Kompassscheibe stets in Nord-Süd-Richtung ein. Demzufolge **ändert sich die Ausrichtung nicht bei einer Kursänderung**. Sie bleibt in Nord-Süd-Richtung, zeigt aber nach der Kursänderung einen **anderen Winkel** zur Fahrtrichtung an.

Schiffs- und Peilkompass

Auf Schiffen und großen Yachten gehört der Kompass zur fest installierten Instrumenten-Ausstattung. Für die Kompass-Navigation auf kleineren Sportbooten stehen Peilkompasse zur Verfügung. Die größeren Modelle lassen sich an einer Halterung im Bereich des Steuers einsetzen und dienen so als Steuer-Kompass und bei Bedarf als Peilkompass. Kleinere Taschenmodelle sind ausschließlich zum Peilen vorgesehen.

Im Bootssport und in der Berufsschifffahrt kommen **Fluidkompasse** zum Einsatz. Die Kompassscheibe ist im Kompasskessel in einer dämpfenden Flüssigkeit gelagert. Dadurch wirken sich Seegang und Motorenvibration weniger stark auf die Scheibe aus. Eine magnetische Kompassnadel wie in einem Taschenkompass gibt es bei einem Schiffskompass nicht. Stattdessen befinden sich unterhalb der Kompassscheibe Magnete, die die gesamte Kompassrose in Nord-Süd-Richtung ausrichten.

Schiffe der professionellen Seefahrt und Sportboote für den Einsatz auf See sind grundsätzlich mit einem **Kugelkompass** ausgestattet. Er bietet den Vorteil, dass sich die Kompassscheibe auch bei extremer Krängung nicht im Kessel verklemmen kann. Für Sportboote und Yachten stehen kompakte Modelle für den Einbau ins Cockpit zur Verfügung. Auf großen Schiffen ist der Kugelkompass als Säulenkompass installiert. Aufgrund der großen Wölbung der Glasscheibe kann die Kompassrose dieser Modelle auch unter extremen Bedingungen frei schwingen. Für die Navigation verwenden große Schiffe heute **Kreiselkompasse** und Inertialsysteme.

Kompass richtig aufstellen

Um eine zuverlässige Anzeige der Kompassrose zu gewährleisten, muss er an Bord in der richtigen Position aufgestellt sein. Dabei sind **folgende Kriterien zu beachten**:

- Der Steuerstrich des Kompasses muss deckend oder parallel zur Kiellinie verlaufen.
- Eine gute Ablesbarkeit während des Steuerns muss gewährleistet sein.
- Eisenteile, elektromagnetische Geräte und Leitungen sollten einen Abstand von mindestens einem Meter zum Kompass haben. Kabel in der Nähe des Kompasses sollten zweiadrig verdrillt sein.

Für Nachtfahrten sollte der Kompass über eine integrierte, gedämpfte Beleuchtung verfügen.

Navigationsbesteck für die Arbeit mit Seekarten

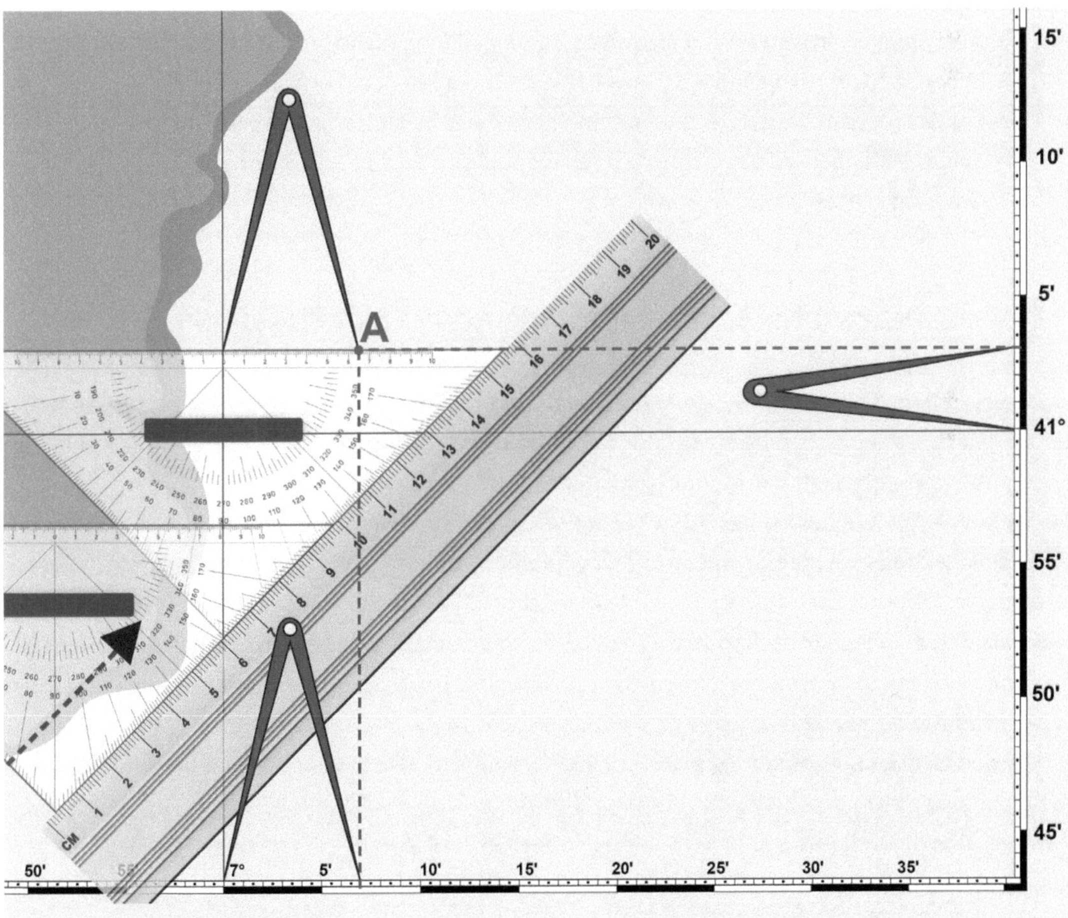

Das Navigationsbesteck ist das Werkzeug zum Eintragen von Kursen und Peilungen auf Seekarten und zum Ablesen von Entfernungen. Es besteht aus **Zirkel, Kursdreieck und Anlegedreieck**. Auf dem Kursdreieck befindet sich eine Gradskala, das Anlegedreieck ist meist unbeschriftet und dient zum Parallel-Verschieben von Linien. Praktisch ist zusätzlich ein Kurslineal für größere Parallelverschiebungen. Ferner gehören weiche Bleistifte, Anspitzer und Radiergummi zur Navigationsausrüstung.

Der Zirkel dient in der Seefahrt nicht als Zeichengerät, sondern zum Abgreifen von Entfernungen und Übertragen von Markierungen. Daher kommt ein **abgestumpfter Marine-Stechzirkel** zum Einsatz.

Für die Verwendung des Kursdreiecks gelten **feste Regeln**, um Fehler bei der Kursermittlung zu vermeiden:

- Die Spitze des rechten Winkels zeigt stets in südliche Richtung auf der Karte.
- In der Mitte der längsten Seite des Dreiecks befindet sich der Anlegepunkt.
- Der Anlegepunkt muss deckungsgleich mit einem Meridian angelegt werden.
- An der südlichen Verlängerung des Anlegepunktes wird der Kurs auf der Gradskala abgelesen.

Praktische Anwendung des Navigationsbestecks

Um festzustellen, welches Ziel bei anliegendem Kurs erreicht wird oder welcher Kurs zum geplanten Ziel führt, ist der Kurs mithilfe des Navigationsbestecks in der Seekarte abzusetzen. Abhängig von der Aufgabe geschieht das in unterschiedlicher Weise.
Zur **Weiterverfolgung des anliegenden Kurses oder zum Eintragen von Peilungen** in die Seekarte wird das Kursdreieck zunächst mit dem Anlegepunkt so an einen Meridian angelegt, dass gleichzeitig der gefahrene Kurs auf der Skala des Dreiecks ablesbar ist. Anschließend wird das Kursdreieck auf dem Anlegedreieck so lange parallel verschoben, bis die Hypotenuse des Kursdreiecks, also seine lange Seite, durch die letzte Schiffsposition verläuft. Dadurch ergibt sich die gefahrene Kurslinie und zeigt auf der Karte die erreichbaren Ziele an.

Um den **richtigen Kurs zum geplanten Ziel** zu ermitteln, wird zunächst eine Verbindungslinie zwischen dem Start- und Zielpunkt mit dem Bleistift in die Seekarte eingetragen. An dieser Linie wird das Kursdreieck mit seiner Hypotenuse angelegt und parallel verschoben, bis der Anlegepunkt an einem Meridian anliegt. Die Skala an der südlichen Seite des Kursdreiecks zeigt nun den Kurs an.

Sollen die **Koordinaten der Schiffsposition** auf der Seekarte bestimmt werden, werden vom Standort aus zunächst mit dem Dreieck oder Kurslineal Hilfslinien zum seitlichen und oberen oder unteren Rand der Karte gezogen. Mithilfe des Zirkels lassen sich nun einfach die Koordinaten der Länge am oberen oder unteren Kartenrand sowie der Breite im seitlichen Kartenrand ablesen.

Die **Ermittlung von Distanzen** am seitlichen Rand der Seekarte ist bereits im Kapitel 10.1 beschrieben. Da jede **am seitlichen Kartenrand** eingezeichnete Bogenminute der Entfernung einer Seemeile entspricht, lässt sich die gesuchte Distanz am seitlichen Kartenrand ablesen. Dazu wird der Zirkel mit seinen Schenkeln auf den Start und Zielpunkt ausgerichtet und in dieser Stellung auf der Höhe der gefahrenen Strecke an den seitlichen Kartenrand angelegt. Die Anzahl der zwischen den Schenkeln befindlichen Bogenminuten entspricht der gefahrenen Strecke in Seemeilen.

ÜBUNGEN:

1. Warum kommen in der Seefahrt Fluidkompasse zum Einsatz?
2. Was ist bei der Installation eines Kompasses auf einem Schiff zu beachten?
3. Was ist ein Navigationsbesteck?
4. Was ist beim Gebrauch des Kursdreiecks zu beachten?
5. Wie ermittelt man den Kurs zum geplanten Ziel?

1.18 GEZEITENKUNDE

Die Gezeiten bezeichnen die Bewegung der Ozeane durch den Einfluss der Anziehungskraft von Sonne und Mond. Sie wirken sich sichtbar in allen Küstengewässern mit schwankenden Wasserständen aus. In abgeschlossenen Revieren wie dem Mittelmeer oder der Ostsee sind die Gezeiten nur geringfügig wahrnehmbar. Anders verhält es sich an den Küsten der offenen Meere wie dem Atlantik und der Nordsee. In diesen Revieren gesellen sich zu den wechselnden Wassertiefen häufig starke Gezeitenströme. Besonders gut sichtbar ist die Wirkung der Gezeiten an flachen Küsten mit einem geringen Gefälle. Bekannte Beispiele dafür sind die Wattenmeere an der Atlantik- und Nordseeküste. Sie fallen bei Niedrigwasser über weite Flächen trocken, sodass sogar manche Insel zu Fuß erreichbar ist.

Begriffe im Rahmen der Gezeitenkunde

Landläufig bekannt sind die Begriffe Ebbe und Flut. Wer nicht an der Küste lebt oder sich nicht für diese Regionen interessiert, versteht oft unter Ebbe den niedrigen Wasserstand und unter Flut den hohen. Das ist so jedoch nicht richtig. Verschiedene Begriffe bezeichnen die einzelnen Stadien der Gezeiten:

- Die Gezeiten werden auch als **Tiden** bezeichnet. Eine Tide besteht aus einer Ebbe- und einer Flutphase. Sie reicht also von einem Niedrigwasser bis zum nächsten.
- **Hochwasser** bezeichnet den höchsten Wasserstand während einer Tide. Er entsteht genau beim Wechsel vom steigenden zum fallenden Wasserstand.
- **Niedrigwasser** ist der niedrigste Wasserstand einer Tide beim Wechsel vom ablaufenden zum steigenden Wasser.
- Die Bezeichnung **Flut** beschreibt den gesamten Zeitraum des Wasseranstiegs bis zum Erreichen des Hochwassers.
- Als **Ebbe** gilt der gesamte Zeitraum des abfließenden Wassers bis zum Erreichen des Niedrigwassers.
- Der **Tidenhub** beschreibt den Wasserstands-Unterschied zwischen Hoch- und Niedrigwasser.
- **Kentern** bezeichnet den Übergang zwischen Hoch- und Niedrigwasser. In diesem kurzen Moment kommt die Tidenbewegung zum Stillstand.

Dauer der Tide und besondere Eigenschaften

An den europäischen Küsten verläuft eine Tide etwa halbtägig. Im Laufe eines Tages kommt es daher meist zweimal zu Hochwasser und Niedrigwasser. Pauschal betrachtet gilt die Regel, dass eine Ebbe und eine Flut jeweils sechs Stunden andauern und eine Tide zwölf Stunden. Da die Umlaufzeit des Mondes um die Erde etwa 24 Stunden und 50 Minuten beträgt, erfolgen tatsächlich jedoch in einem Zeitraum von **knapp 25 Stunden** zwei Tiden. Die Zeiten der Hoch- und Niedrigwasserstände **verschieben sich daher von Tag zu Tag**.

An der deutschen Nordseeküste gibt es zudem das Phänomen der Kreiswelle. Dadurch verlaufen die Hoch- und Niedrigwasserstände an verschiedenen Orten der Nordseeküste sehr unterschiedlich. Während an einem Ort gerade Hochwasser herrscht, hat ein anderer Niedrigwasser.

Ein besonders starker Tidenhub kann **durch spezielle Küstenformationen** entstehen. Flussmündungen, Fjorde und Engstellen wie der Ärmelkanal können einen Tidenhub von acht Metern und mehr erreichen. Der weltweit höchste Tidenhub an der Bay of Fundy in der kanadischen Provinz Nova Scotia beträgt zwischen 14 und 21 Meter. Die Meeresbucht reicht mit einer Breite von 60 Kilometern 220 Meter weit ins Land und verursacht den außergewöhnlichen Tidenhub.

Entwicklung der Tiden im Verlauf eines Monats

Die Höhe einer Tide hängt von der Stellung der Erde, des Mondes und der Sonne zueinander ab. Bilden Erde, Sonne und Mond eine Linie, ist die Tide besonders stark, da sich die Anziehungskräfte von Sonne und Mond addieren. Das ist regelmäßig bei Vollmond und Neumond der Fall. Das Hochwasser fällt in dieser **Springzeit** besonders hoch und das Niedrigwasser extrem niedrig aus.

Stehen Sonne und Mond rechtwinklig zur Erde, herrscht Halbmond. Diese Stellung führt zu einer schwachen Ausprägung der Gezeiten, der sogenannten **Nippzeit**. Zwischen der Nipp- und Springzeit befindet sich der Mond in einer schräg zur Erde verlaufenden Position. In dieser **Mittzeit** bilden die Gezeiten mittlere Hoch- und Niedrigwasserhöhen.

Gezeitennavigation

Die wechselnden Strömungen und Wasserstände erfordern **Berücksichtigung bei der Navigation**. Einige Häfen an der deutschen Nordseeküste sind beispielsweise nur tidenabhängig erreichbar. Durch die besonders stark ausgeprägten Strömungen entstehen zusätzliche Einflüsse auf den Kurs eines Schiffes. Auskunft über den Verlauf der Gezeiten geben die vom Bundesamt für Seeschifffahrt und Hydrographie herausgegebenen Gezeitenkalender und Gezeitentafeln sowie die entsprechenden Veröffentlichungen in anderen Staaten.

Gezeitenkalender geben die regionalen Zeiten von Hoch- und Niedrigwasser an jedem Tag innerhalb eines Jahres an. Sie enthalten ferner eine Tabelle mit den Werten des mittleren Hoch- und Niedrigwassers in den Anschlussorten. **Gezeitentafeln** bieten deutlich ausführlichere Angaben mit Vorausberechnungen zu den erwarteten Wasserständen bei Hoch- und Niedrigwasser.

ÜBUNGEN:

1. Was beschreibt der Begriff Ebbe?
2. Was ist unter einem Tidenhub zu verstehen?
3. Was ist bei der Gezeitennavigation zu beachten?
4. Wann herrscht Niedrigwasser?
5. Welche Phasen umfasst eine Tide?

1.19 DIE WICHTIGSTEN VORSCHRIFTEN

Auf Binnengewässern und im Küstenbereich gelten zahlreiche Vorschriften, die Führer von Sportbooten zu beachten haben. Zu den wichtigen Gesetzen und Verordnungen für den **Küsten- und Seebereich** gehören:

- Kollisionsverhütungsregeln KVR,
- Seeschifffahrtsstraßen-Ordnung SeeSchStrO,
- Schifffahrtsordnung Emsmündung EmsSchO,
- Befahrensregelungsverordnung Küstenbereich Mecklenburg-Vorpommern NPBefVMVK,
- Verordnung über das Befahren der Bundeswasserstraßen in Nationalparken im Bereich der Nordsee NPNordSBefV,
- Verordnung über das Befahren von Bundeswasserstraßen in bestimmten schleswig-holsteinischen Naturschutzgebieten im Bereich der Ostsee,
- Sportbootführerscheinverordnung SpFV,
- örtliche Hafenvorschriften.

Geltungsbereiche

Weltweite Geltung auf See und in den Küstenbereichen haben die **Kollisionsverhütungsregeln.** Ihre genaue Bezeichnung lautet „Internationale Regeln von 1972 zur Verhütung von Zusammenstößen auf See". Die KVR enthalten alle wesentlichen Verkehrsregeln für den Schiffsverkehr.
Die **Seeschifffahrtsstraßen-Ordnung** ist die auf deutschen Seeschifffahrtsstraßen geltende gesetzliche Regelung. Ähnliche Inhalte mit einigen Besonderheiten enthalten die Schifffahrtsordnung Emsmündung und die Befahrensregelungsverordnung Küstenbereich Mecklenburg-Vorpommern. Der Geltungsbereich dieser Verordnungen bezieht sich ausschließlich auf die jeweiligen Bereiche. Dasselbe gilt für die Verordnungen über das Befahren von Bundeswasserstraßen in Nationalparken und Naturschutzgebieten. Diese haben Schiffsführer zu beachten, wenn sie die genannten Küstenbereiche befahren.

Die Seeschifffahrtsstraßenordnung und die Spezialverordnungen für einzelne Gebiete stellen ergänzende Vorschriften zu den KVR dar. Viele der Bestimmungen stimmen mit den KVR überein. In einigen Bereichen stehen diese speziellen Regelungen jedoch im **Widerspruch zu den KVR**. Da im allgemeinen Rechtsverkehr spezielle Bestimmungen im Rang vor den allgemeinen Regelungen stehen, gelten in diesen Fällen die SeeSchStrO sowie die Rechtsverordnungen für die einzelnen Küstenbereiche.

Nicht jedes Küstengewässer in Deutschland bildet eine Seeschifffahrtsstraße. Die deutschen Küstengewässer umfassen einen Bereich von 12 Seemeilen ab der Niedrigwasser-Linie. Als **Seeschifffahrtsstraßen** in diesen Gewässern gelten:

- Die Küstenbereiche ab der Linie bei mittlerem Hochwasser sowie ab der seewärtigen Begrenzung von Binnenwasserstraßen und einer Linie von 3 Seemeilen ab der Niedrigwasser-Linie.
- Durchgehend durch laterale Seezeichen begrenzte Fahrwasser im gesamten deutschen Küstenmeer bis zu einer Linie von 12 Seemeilen.
- Die Mündungsbereiche der meisten schiffbaren Flüsse an der Nord- und Ostsee,
- der Nord-Ostsee-Kanal einschließlich der angeschlossenen Seen sowie
- der Gieselaukanal.

Detailliert regelt Paragraf 1 der SeeSchStrO den Geltungsbereich dieser Vorschrift. Im Bereich der Seeschifffahrtsstraßen gilt auch die Sportbootführerschein-Verordnung See. Demzufolge ist im Bereich der Küstengewässer nur auf den ausgewiesenen Seeschifffahrtsstraßen der Sportbootführerschein See erforderlich.

Außerhalb der deutschen Küstengewässer, also der 12-Seemeilen-Zone, beginnt die hohe See. **Auf hoher See und außerhalb der Seeschifffahrtsstraßen in der 12-Seemeilen-Zone gelten allein die internationalen Kollisionsverhütungsregeln**.

Grundregeln für das Verhalten im Schiffsverkehr

Diese Grundregeln sind Inhalt der Verordnung zu den Kollisionsverhütungsregeln, der See-SchiffStrO und der speziellen Verordnungen. Danach **hat sich jeder Verkehrsteilnehmer** so zu verhalten, dass:

- die Sicherheit und Leichtigkeit des Verkehrs gewährleistet ist,
- kein anderer geschädigt, gefährdet oder mehr, als nach den Umständen unvermeidbar, behindert oder belästigt wird,
- die Vorsichtsmaßregeln beachtet werden, die Seemannsbrauch oder die besonderen Umstände des Falles erfordern,

- bei der Abwehr einer unmittelbar drohenden Gefahr alle erforderlichen Maßnahmen unter Berücksichtigung der besonderen Umstände ergriffen werden, auch wenn sie von den Regelungen der SeeSchStrO und den KVR abweichen.

Ferner enthalten die SeeSchStrO, die KVR und die Spezial-Verordnungen Regelungen über Licht und Schallsignale, Lichtführung und Markierungen an Schiffen, Seezeichen und Beschilderungen. Definitionen spezieller und besonders großer Schiffe sowie Ausweich- und Vorfahrtsregeln gehören ebenfalls zu den Inhalten aller Verordnungen im Schiffsverkehr.

ÜBUNGEN:

1. Welche Verordnung gilt, wenn sich die Inhalte der KVR und der See-SchiffStrO widersprechen?
2. Wo gelten die KVR?
3. Welcher Bereich gehört zu den deutschen Küstengewässern?
4. Ist im Bereich der 12-Seemeilen-Zone stets der Sportbootführerschein See vorgeschrieben?

1.20 LICHTER UND SIGNALE

Bei Dunkelheit und schlechter Sicht benötigen Schiffe auf See und auf Binnengewässern eine Beleuchtung. Anhand der Beleuchtung ist bereits erkennbar, wie groß das Schiff ist und in welche Richtung es sich bewegt. Ferner benötigen Schiffe ohne Bewegung eine andere Lichtführung als fahrende Schiffe. In einigen Situationen sind zudem verschiedene Signale am Tag und Schallsignale notwendig.

Lichtführung und Sicht-Signale

Schiffsart und Situation	**Lichtführung**	**Sicht-Signal am Tag**
Maschinenfahrzeug unter 7 m Länge in Fahrt mit Höchstgeschwindigkeit von 7 kn	ï weißes Rundumlicht ï nach Möglichkeit Positionslicht rot und grün ï ohne Beleuchtung darf es auf deutschen Seeschifffahrtsstraßen nur im Notstand fahren und muss bei Begegnung mit anderen Schiffen ein weißes Licht zeigen	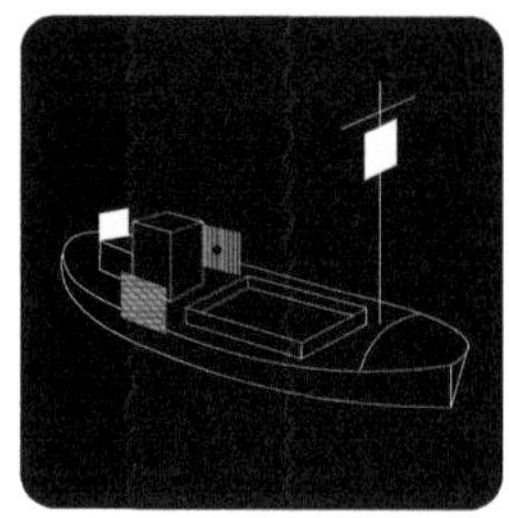
Maschinenfahrzeug unter 12 m Länge in Fahrt	ï weißes Topplicht oder Rundumsicht mindestens 1 m über den Positionslichtern ï Positionslichter rot und grün einzeln oder als Zweifarblaterne	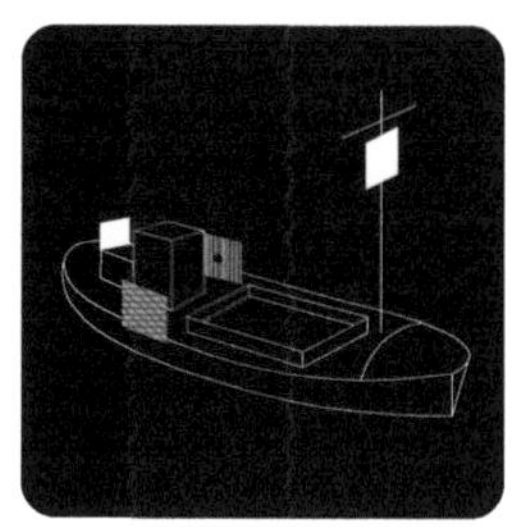

Maschinenfahrzeug in Fahrt zwischen 12 und 20 m Länge	ï weißes Topplicht mindestens 2,5 m über dem Schandeck ï Positionslichter rot und grün einzeln oder als Zweifarblaterne ï weißes Hecklicht	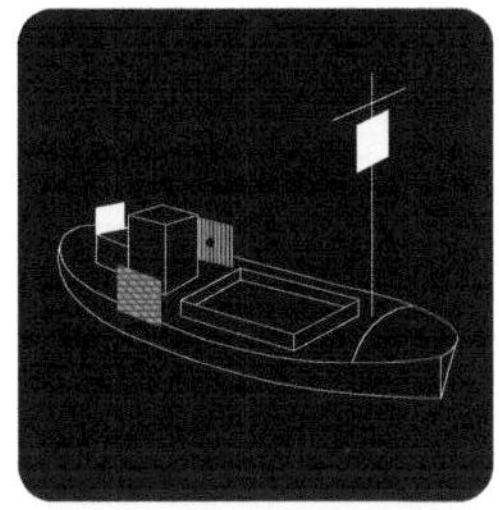
Maschinenfahrzeug in Fahrt unter 50 m Länge	ï weißes Topplicht vorn in einer Höhe von 6 bis 12 m ï Positionslichter rot und grün ï weißes Hecklicht	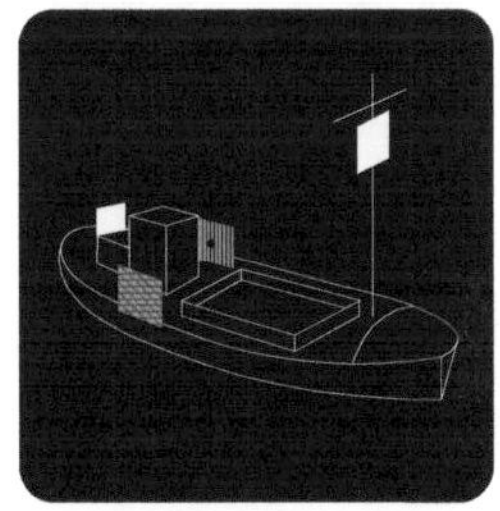
Maschinenfahrzeug in Fahrt ab 50 m Länge	ï weißes Topplicht vorn in einer Höhe von 6 bis 12 m ï Positionslichter rot und grün ï weißes Hecklicht ï zweites Topplicht achterlicher und höher als das vordere Topplicht ï der Abstand beider Topplichter entspricht mindestens der halben Fahrzeuglänge	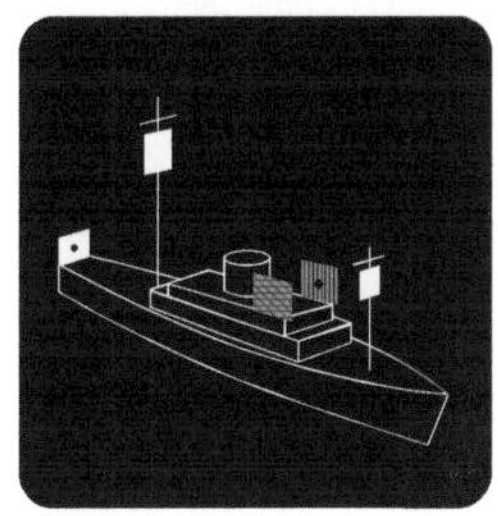

Segelfahrzeug unter 7 m Länge oder Ruderfahrzeug in Fahrt	ï möglichst die für Segelfahrzeuge vorgeschriebenen Lichter ï mindestens eine elektrische Lampe oder angezündete Laterne mit weißem Licht zum Zeigen bereithalten ï wahlweise zusätzlich ein rotes und ein grünes Rundumlicht untereinander im Topp, jedoch nicht in Verbindung mit einer Dreifarblaterne ï unter Motor die Lichter eines Maschinenfahrzeugs	Segelfahrzeug unter Motor führt Kegel mit Spitze nach unten im Vorschiff 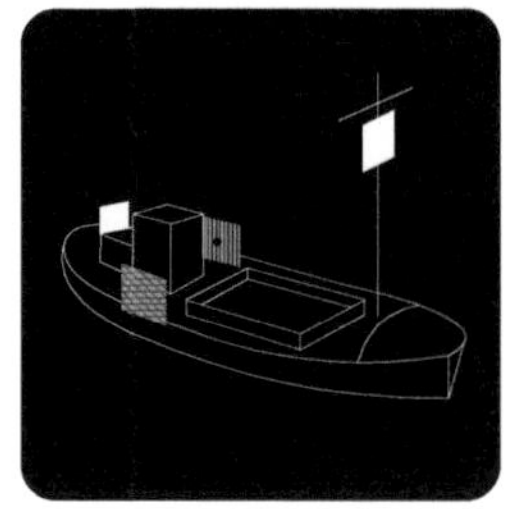
Segelfahrzeug unter 12 m Länge und Ruderfahrzeug in Fahrt auf deutschen Seeschifffahrtsstraßen	ï Schiffe, die aufgrund ihrer Bauart die lt. KVR vorgeschriebenen Lichter nicht führen können, benötigen ein weißes Rundumlicht im Topp. Ist auch das nicht möglich, dürfen sie bei Dunkelheit und schlechter Sicht nur im Notstand fahren und müssen ein weißes Licht zum Zeigen bereithalten	Segelfahrzeug unter Motor führt Kegel mit Spitze nach unten im Vorschiff 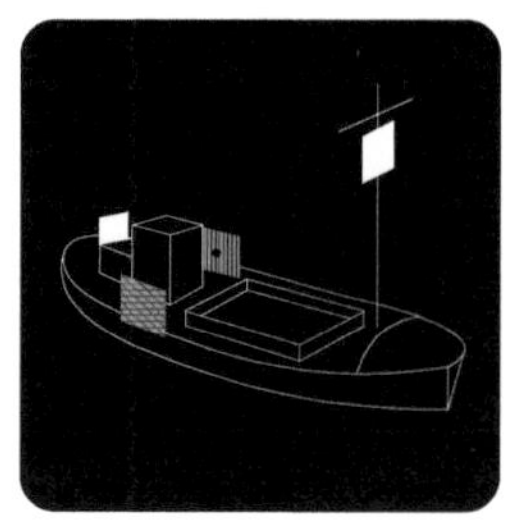

Segelfahrzeuge unter 20 m Länge in Fahrt	ï Positionslichter rot und grün einzeln oder als Zweifarblaterne ï weißes Hecklicht ï wahlweise zusätzlich ein rotes und ein grünes Rundumlicht untereinander im Topp, jedoch nicht in Verbindung mit einer Dreifarblaterne ï wahlweise Dreifarblaterne im Topp anstelle der übrigen Lichter ï bei Fahrt unter Motor die Lichter eines Maschinenfahrzeugs	Segelfahrzeug unter Motor führt Kegel mit Spitze nach unten im Vorschiff 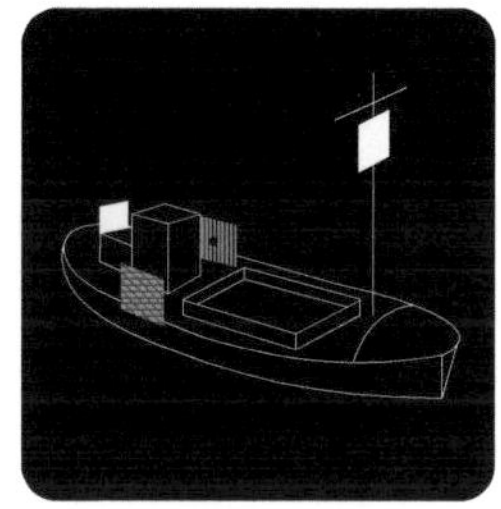
Segelfahrzeug ab 20 m Länge in Fahrt	ï weißes Hecklicht ï einzelne Positionsleuchten rot und grün ï wahlweise zusätzlich ein rotes und ein grünes Rundumlicht im Topp ï bei Fahrt unter Motor die Lichter eines Maschinenfahrzeugs	Segelfahrzeug unter Motor führt Kegel mit Spitze nach unten im Vorschiff 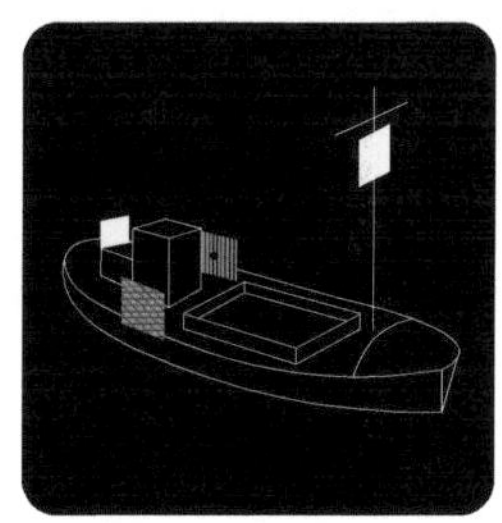

manövrierun-fähiges Fahrzeug mit Fahrt durchs Wasser	ï zwei rote Rundumlichter senkrecht übereinander im Topp ï Positionslichter rot und grün ï weißes Hecklicht	zwei schwarze Bälle senkrecht übereinander im Topp oder ähnliche Signalkörper 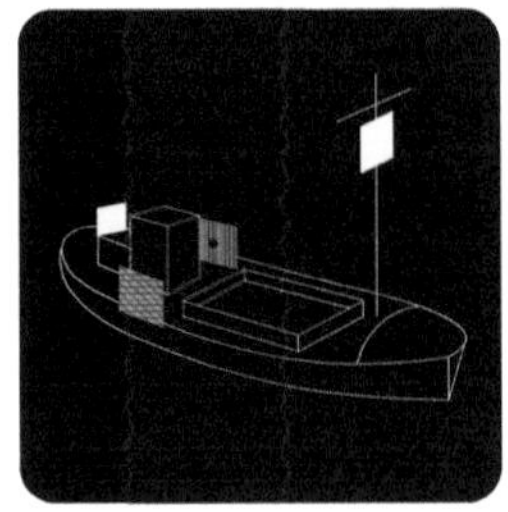
manövrierun-fähiges Fahrzeug ohne Fahrt durchs Wasser	ï zwei rote Rundumlichter senkrecht übereinander im Topp	zwei schwarze Bälle senkrecht übereinander im Topp oder ähnliche Signalkörper 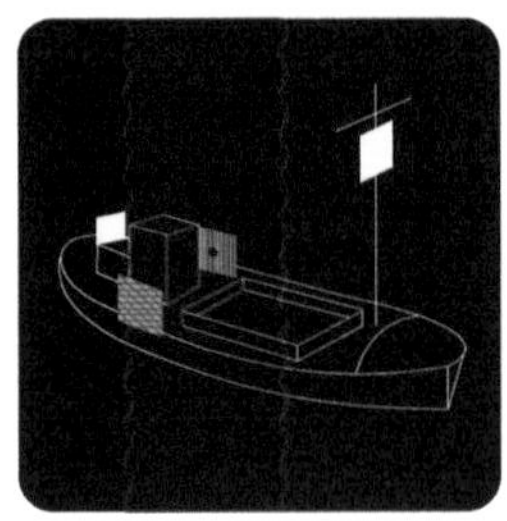
manövrierunfähi-ges Fahrzeug unter 12 m Länge auf deutschen See-schifffahrtsstraßen	ï keine zusätzlichen Signal-lichter	keine zusätzlichen Signal-körper 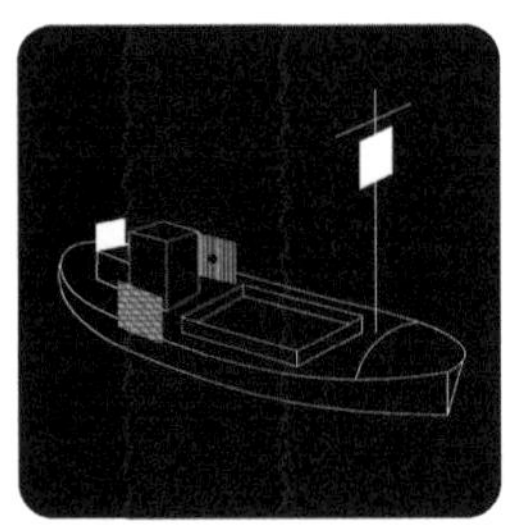

manövrierbehindertes Fahrzeug bei Fahrt durchs Wasser	ï ein weißes Topplicht bei Länge unter 50 m ï zwei weiße Topplichter bei Länge ab 50 m ï Positionslichter rot und grün ï weißes Hecklicht ï drei Rundumlichter senkrecht übereinander, das mittlere weiß, die beiden anderen rot	drei schwarze Signalkörper senkrecht übereinander, der mittlere als Rhombus, die beiden anderen als Bälle 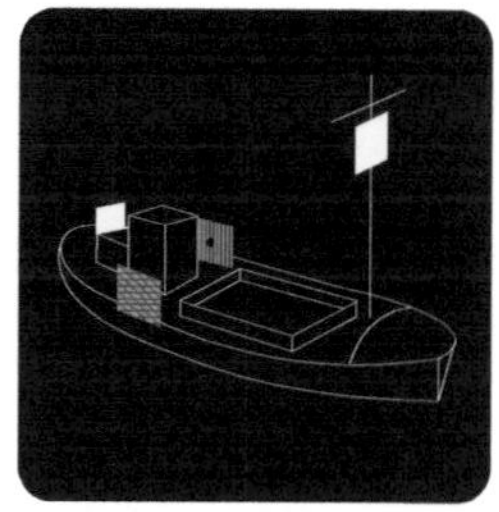
manövrierbehindertes Fahrzeug ohne Fahrt durchs Wasser	ï drei senkrecht untereinander angebrachte Rundumlichter, das mittlere weiß, die anderen rot	drei schwarze Signalkörper senkrecht übereinander, der mittlere als Rhombus, die beiden anderen als Bälle 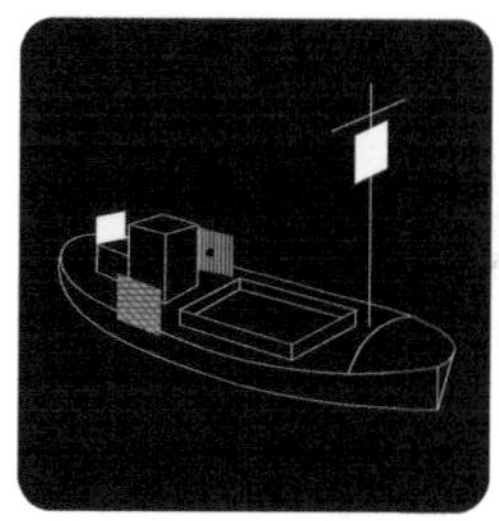

manövrierbehindertes Fahrzeug mit Fahrt durchs Wasser, das baggert oder Unterwasserarbeiten ausführt

- ein weißes Topplicht unter 50 m Länge
- zwei weiße Topplichter über 50 m Länge
- Positionslichter rot und grün
- weißes Hecklicht
- drei Rundumlichter senkrecht übereinander, das mittlere weiß, die übrigen rot
- zwei rote Rundumlichter senkrecht übereinander an der Seite der Behinderung
- zwei grüne Rundumlichter senkrecht übereinander an der zu passierenden Seite

drei senkrecht übereinander angebrachte Signalkörper im Topp, der mittlere als Rhombus, die übrigen als Bälle

zwei Bälle senkrecht übereinander an der Seite der Behinderung

zwei Rhomben übereinander an der zu passierenden Seite

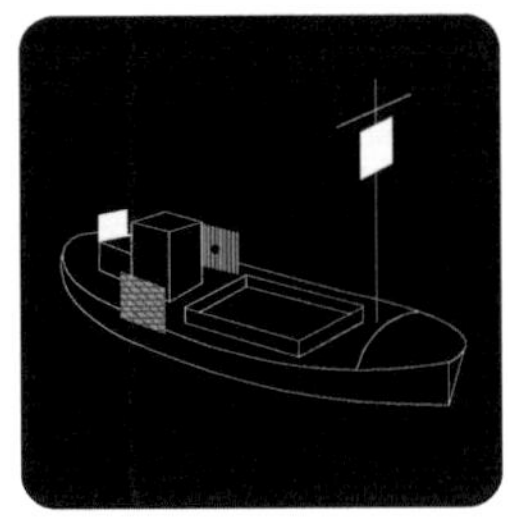

manövrierbehindertes Fahrzeug, das baggert oder Unterwasserarbeiten ausführt, ohne Fahrt durchs Wasser	ï drei senkrecht übereinander angebrachte Rundumlichter, das mittlere weiß, die übrigen rot ï zwei rote Rundumlichter an der Seite der Behinderung ï zwei grüne Rundumlichter an der zu passierenden Seite	drei senkrecht übereinander angebrachte Signalkörper im Topp, der mittlere als Rhombus, die übrigen als Bälle zwei Bälle senkrecht übereinander an der Seite der Behinderung zwei Rhomben übereinander an der zu passierenden Seite 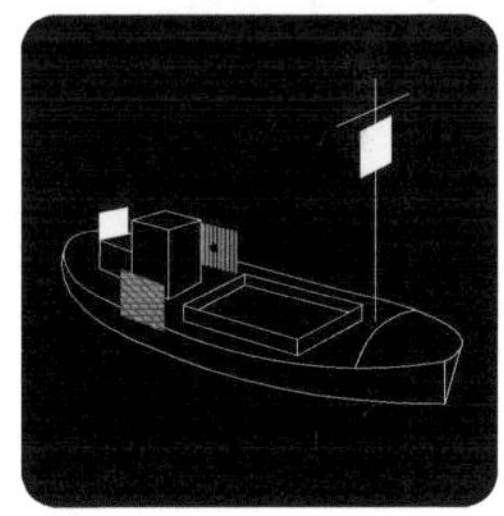
kleines Fahrzeug, das bei Taucharbeiten die vorgeschriebenen Signalkörper nicht führen kann	ï drei Rundumlichter senkrecht übereinander, das mittlere weiß, die übrigen rot	Flagge A des Internationalen Signalbuches (weiß-blau mit zwei Spitzen) 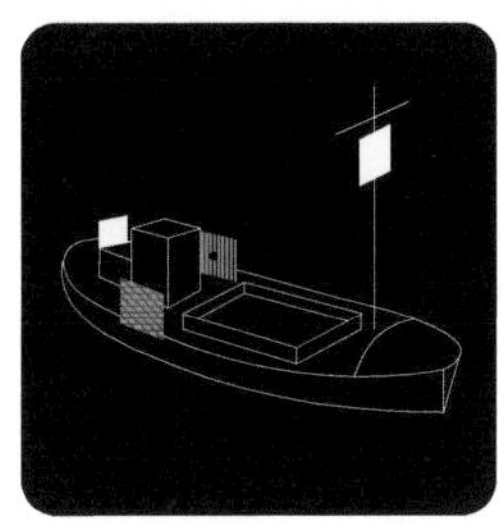

tiefgangbehindertes Fahrzeug in Fahrt	ï ein weißes Topplicht unter 50 m Länge, zwei weiße Topplichter ab 50 m Länge ï drei rote Rundumlichter senkrecht übereinander ï Positionslichter rot und grün ï weißes Hecklicht	ein schwarzer Zylinder 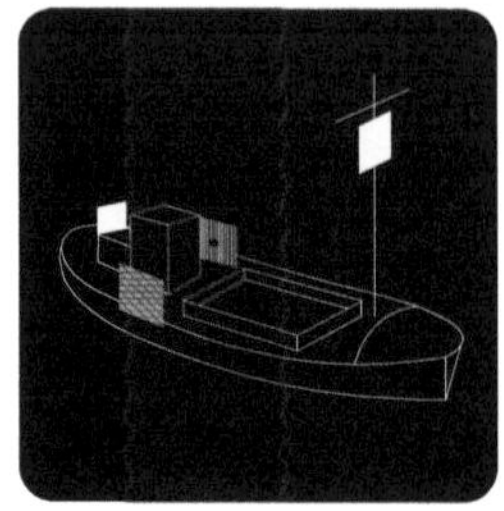
tiefgangbehindertes Fahrzeug im deutschen Küstenmeer (Wegerechtsschiff)	ï Lichtführung eines manövrierbehindertes Fahrzeugs	Signalführung eines manövrierbehinderten Fahrzeugs 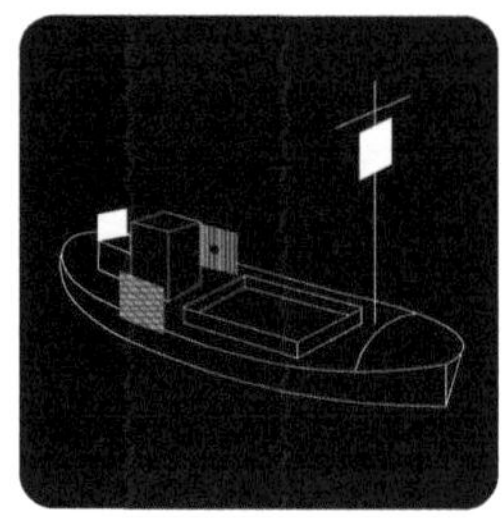

fischender Trawler mit Fahrt durchs Wasser	ï ein grünes und ein weißes Rundumlicht senkrecht untereinander ï ab 50 m Länge weißes Topplicht achterlicher und höher als das grüne Rund-umlicht ï Schiffe unter 50 m Länge können das Topplicht frei-willig führen ï Positionslichter rot und grün ï weißes Hecklicht	schwarzes Symbol eines Stundenglases 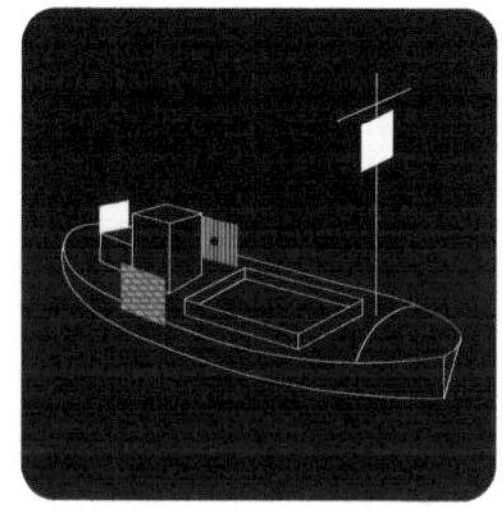
fischender Trawler ohne Fahrt durchs Wasser	ï ein grünes und ein weißes Rundumlicht untereinander ï ab 50 m Länge weißes Topplicht achterlicher und höher als das grüne Rund-umlicht ï unter 50 m Länge ist das Topplicht freiwillig möglich	schwarzes Symbol eines Stundenglases 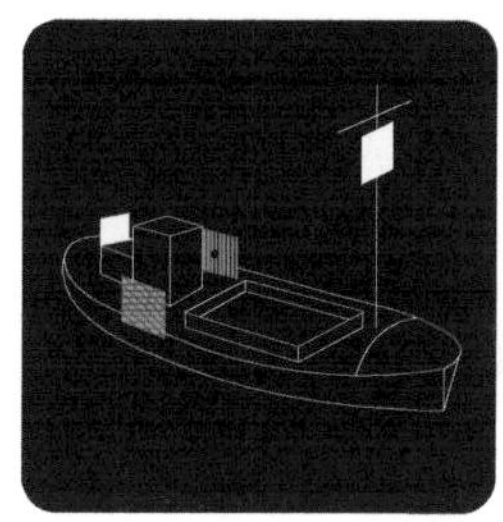

nicht trawlendes, fischendes Fahrzeug mit Fahrt durchs Wasser	ï ein rotes und ein weißes Rundumlicht übereinander ï bei über 150 m ins Wasser reichendem Fanggerät ein weißes Rundumlicht in dessen Richtung ï Positionslichter rot und grün ï weißes Hecklicht	schwarzes Symbol eines Stundenglases reicht das Fanggerät weiter als 150 m ins Wasser, zusätzlich schwarzer Kegel in dessen Richtung 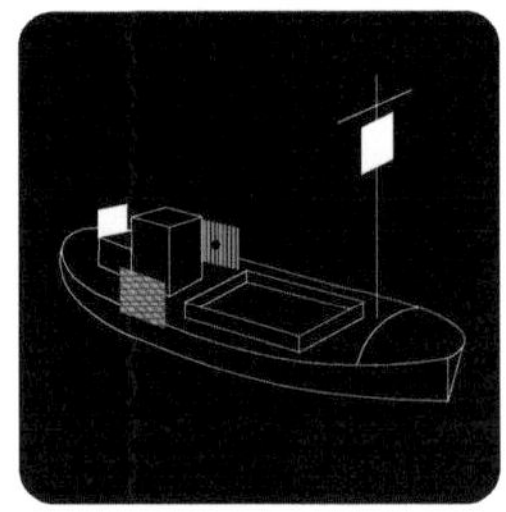
nicht trawlendes, fischendes Fahrzeug ohne Fahrt durchs Wasser	ï ein rotes und ein weißes Rundumlicht senkrecht untereinander ï bei über 150 m weit ins Wasser reichendem Fanggerät zusätzlich ein weißes Rundumlicht in dessen Richtung	schwarzes Symbol eines Stundenglases reicht das Fanggerät weiter als 150 m ins Wasser, zusätzlich schwarzer Kegel in dessen Richtung 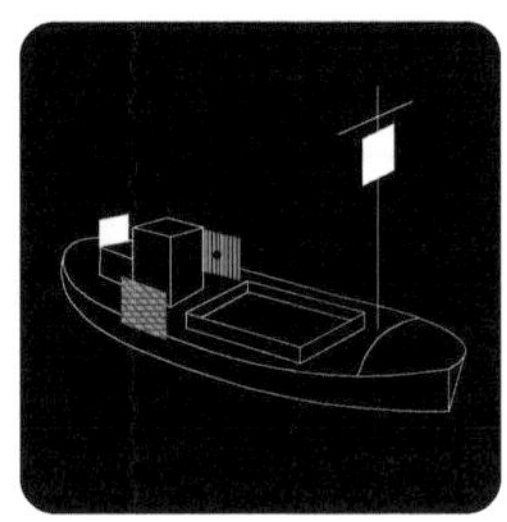

Ankerlieger	ï bis 50 m Länge weißes Rundumlicht an der am besten sichtbaren Stelle ï ab 50 m Länge weißes Rundumlicht im vorderen Teil und weißes Rundumlicht im Heckbereich niedriger als das vordere ï ab 100 m Länge zusätzlich alle Decklichter	schwarzer Ball im vorderen Teil des Schiffes 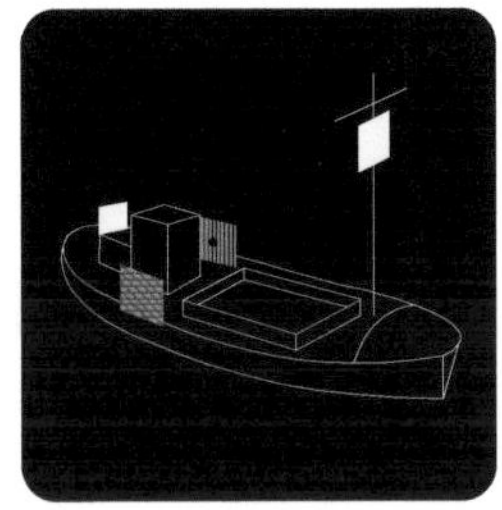
Grundsitzer	ï bis 50 m Länge weißes Rundumlicht an der am besten sichtbaren Stelle und zwei Rundumlichter senkrecht übereinander ï ab 50 m Länge ein weißes Rundumlicht im vorderen Teil, ein weißes Rundumlicht im Bereich des Hecks, niedriger als das vordere und zwei senkrecht übereinander angebrachte rote Rundumlichter	drei schwarze Bälle senkrecht übereinander 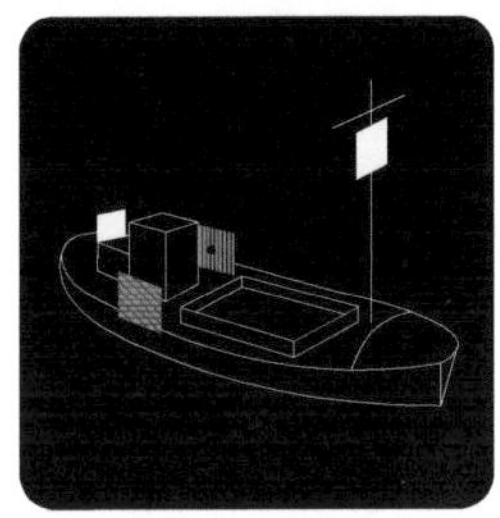

schleppendes Fahrzeug eines Schleppzugs	ï unter 50 m Länge zwei Topplichter senkrecht übereinander anstelle des einen Topplichts ï ab 50 m Länge zwei senkrecht übereinander angebrachte Topplichter im Heckbereich anstelle des einen hinteren Topplichts ï bei mehr als 200 m langem Schleppzug drei Topplichter oder ab 50 m Länge drei Topplichter im Heck übereinander ï mit erheblicher Behinderung bei Kursabweichungen zusätzlich drei Rundumlichter übereinander, das mittlere weiß, die übrigen rot ï Positionslichter rot und grün ï weißes Hecklicht ï gelbes Schlepplicht senkrecht über dem Hecklicht	bei Länge über 200 m ein Rhombus 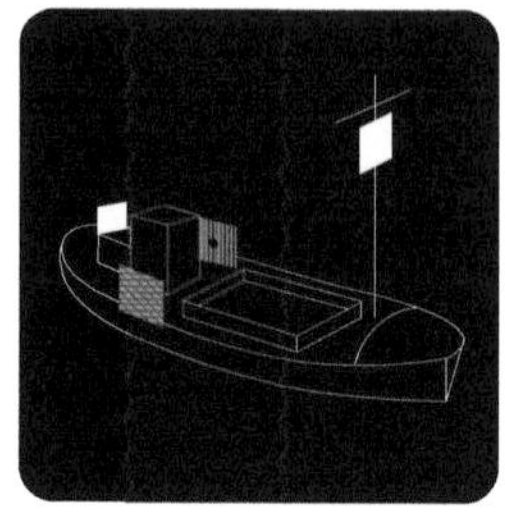

geschlepptes Fahrzeug eines Schleppzugs	ï Positionslichter rot und grün ï weißes Hecklicht	bei Länge über 200 m ein Rhombus 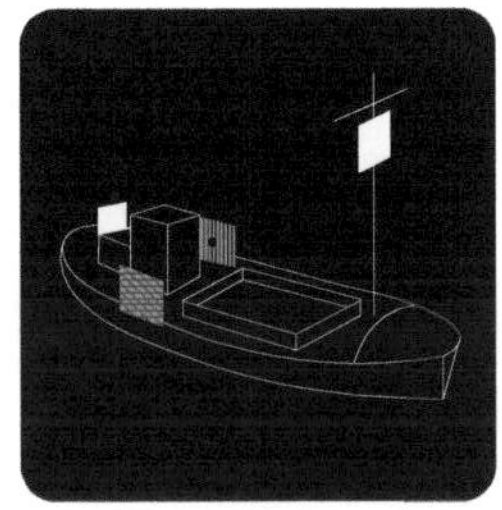
Motorsport-fahrzeuge beim Schleppen anderer Sportfahrzeuge auf deutschen See-schifffahrtsstraßen gelten nicht als Schleppzug	ï keine speziellen Lichter er-forderlich	keine Sicht-Zeichen not-wendig 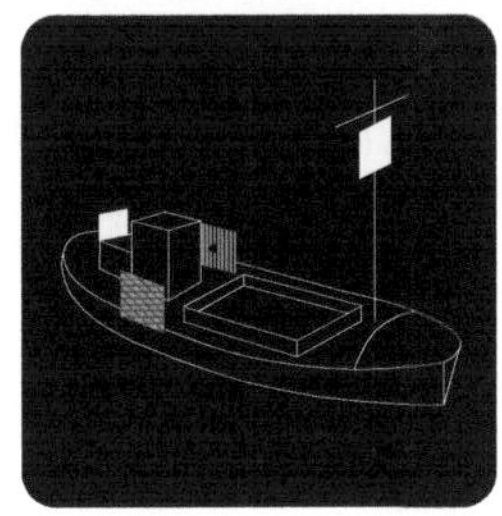

Definitionen

Einige Begriffe haben in den KVR und der SeeSchStrO feste Bedeutungen. Das gilt insbesondere für die Art von Wasserfahrzeugen oder für die Ausgestaltung der Lichtzeichen.

- **Maschinenfahrzeug** ist ein Schiff mit Motorantrieb
- Ein **Segelfahrzeug** fährt nur unter Segel. Sobald es mit Motorantrieb fährt, gilt es als Maschinenfahrzeug.
- **In Fahrt** befindet sich ein Schiff, wenn es nicht vor Anker oder auf Grund liegt und nicht an Land festgemacht ist.
- **Verminderte Sicht** liegt vor, wenn die Sicht durch Nebel, heftigen Regen, Schneefall, Sandstürme oder andere Ursachen eingeschränkt ist.
- zwei Wasserfahrzeuge befinden sich **in Sicht**, wenn sie sich gegenseitig optisch wahrnehmen können.
- Die Bezeichnung **„am Tag"** bedeutet von Sonnenaufgang bis Sonnenuntergang.
- Die Bezeichnung **„bei Nacht"** beschreibt den Zeitraum von Sonnenuntergang bis Sonnenaufgang.
- Am Tag zu führende **Signalzeichen** haben die Form eines Balles, Kegels, Zylinders, Rhombus oder Stundenglases. Sie sollen mindestens 60 cm hoch sein. Zylinder und Rhombus sollen nicht kleiner als 120 cm sein. Lediglich Fahrzeuge unter 20 m Länge dürfen kleinere Signalzeichen verwenden.
- **Lichter** müssen von Sonnenuntergang bis Sonnenaufgang geführt werden.
- Ein **Rundumlicht** überstrahlt einen vollen Kreis von 360°.
- **Topplichter** sind stets weiß und überstrahlen einen Horizontbogen von 225°, zu jeder Seite von recht voraus bis zu 22,5° achterlicher als querab.
- **Positionslichter** sind stets an der Steuerbordseite grün und an der Backbordseite rot. Sie überstrahlen einen Horizontbogen von je 112,5° von recht voraus nach Steuerbord oder Backbord bis 22,5° achterlicher als querab. Damit überstrahlen sie gemeinsam den gesamten Sektor des Topplichts.
- Das **Hecklicht** ist stets weiß und scheint über einen Horizontbogen von 135° mit je 67,5° von recht achteraus zu jeder Seite. Zusammen mit dem Topplicht überstrahlt das Hecklicht einen 360°-Vollkreis.
- Ein **Schlepplicht** ist immer gelb, befindet sich über dem Hecklicht und erfüllt dieselben Voraussetzungen wie das Hecklicht.

- Ein **Funkellicht** zeigt 120 oder mehr regelmäßige Lichterscheinungen in einer Minute und ist am gesamten Horizontbogen sichtbar.
- **Manövrierunfähige Fahrzeuge** können aufgrund außergewöhnlicher Umstände nicht ausweichen. Daher müssen andere Fahrzeuge ihnen stets den Vorrang einräumen. Eine Ausnahme besteht nur, wenn ein manövrierunfähiges Fahrzeug überholt.
- **Manövrierbehinderte Fahrzeuge** können aufgrund technischer Probleme oder durch die Art ihres Einsatzes (Bagger, Kabelleger, Seezeichenfahrzeuge oder Vermessungsfahrzeuge) nicht ausweichen. Ihnen ist ebenfalls Vorrang einzuräumen, sofern sie nicht überholen.
- **Wegerechtsschiffe auf deutschen Seewasserstraßen** können aufgrund ihres Tiefgangs, ihrer Länge oder anderer Eigenschaften nur im tiefsten Teil des Fahrwassers fahren. Sie gelten daher als manövrierbehinderte Schiffe.
- **Fischende Fahrzeuge** fischen mit Netzen, Schleppnetzen, Leinen und anderen Fanggeräten. Nicht trawlende fischende Fahrzeuge fischen mit Treibnetzen oder Ringwaden. Alle fischenden Fahrzeuge sind in ihrer Manövrierfähigkeit eingeschränkt.
- **Fischende Trawler** sind fischende Fahrzeuge, die mit Schleppnetzen und anderen geschleppten Fanggeräten fischen.

Laternen und Leuchten dürfen keine anderen Fahrzeuge blenden oder die Schifffahrt gefährden. Zudem müssen sie unverwechselbar mit anderen Lichtzeichen sein.

Schallsignale

Schallsignale werden **bei verminderter Sicht** traditionell mit einer vom Bundesamt für Seeschifffahrt und Hydragraphie zugelassenen **Pfeife** gegeben. **Glocken- und Gongsignale** sind Ankerliegern und Grundsitzern vorbehalten. Lediglich Schiffe mit einer **Länge unter zwölf Metern** dürfen andere Instrumente für lautstarke Schallsignale verwenden. Große Schiffe nutzen ihr Typhon (Nebelhorn) für Schallsignale. Alle Schallsignale bestehen aus langen und kurzen Tönen, die in gewissen Zeitabständen wiederholt werden. Ein **kurzer Ton** hat eine Dauer von etwa einer Sekunde. **Lange Töne** dauern vier bis sechs Sekunden.

Wichtige Schallsignale sind:

- einmal lang alle zwei Minuten: Maschinenfahrzeug mit Fahrt durchs Wasser
- zweimal lang alle zwei Minuten: Maschinenfahrzeug ohne Fahrt durchs Wasser
- einmal lang, zweimal kurz alle zwei Minuten: Segelschiff, manövrierbehindertes oder manövrierunfähiges Schiff, Schlepper
- einmal lang, dreimal kurz alle zwei Minuten: geschlepptes Fahrzeug
- dreimal kurz, dreimal lang, dreimal kurz: Seenotfall
- Dauerton: Seenotfall
- einmal lang, viermal kurz, einmal lang, viermal kurz: allgemeines Warn- und Gefahrensignal
- kurz, lang, kurz, lang alle 15 Minuten: Bleib-weg-Signal

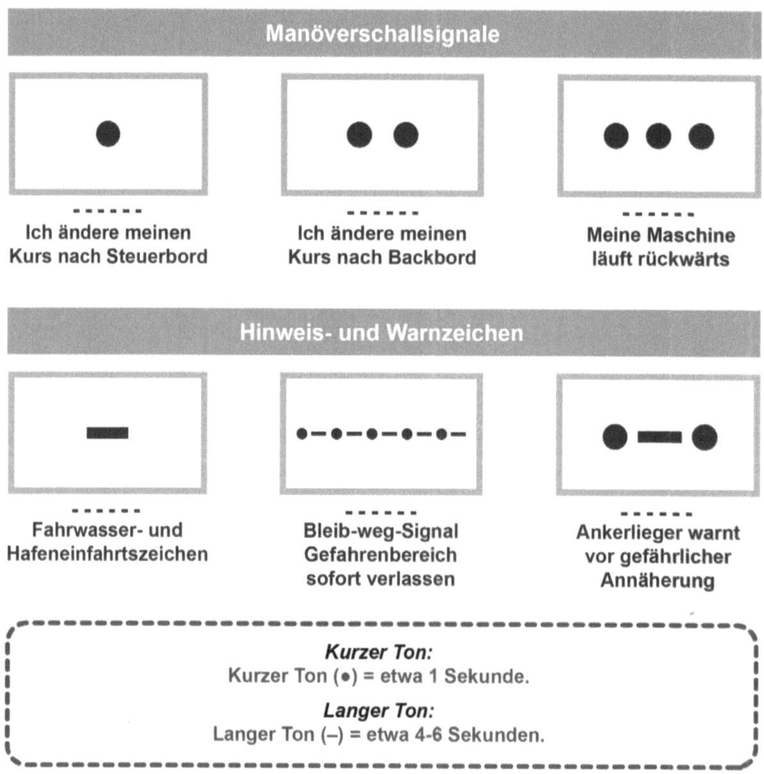

Hinweis- und Warnzeichen

• • • • •

Ausweichpflichtiges Fahrzeug wird auf Ausweichpflicht aufmerksam gemacht (mindestens 5 kurze Töne)

–• • • •
–• • • •

Allgemeines Gefahr- und Warnsignal (z.B. bei Gefährdung durch ein anderes Fahrzeug)

Zeichen ortsfester Anlagen

• • • •

Brücke, Sperrwerk, Schleuse kann vorübergehend nicht geöffnet werden

— — — — — —

Sperrung der Schifffahrtsstraße

Andere Schallzeichen

• — • •

Polizeifahrzeug fordert zum Anhalten auf

• • • — — — • • •

Seenotsignal (SOS)

Maschinenfahrzeuge in Fahrt (bei verminderter Sicht)

—

Maschinenfahrzeug, das Fahrt durchs Wasser macht, mindestens alle 2 Minuten

— —

Maschinenfahrzeug, das keine Fahrt durchs Wasser macht, mindestens alle 2 Minuten

Dokumentendownload:
bit.ly/Schallsignale

Manövrierunfähig, manövrierbehindert, tiefgangbehindert, segelnd, fischend, geschleppt (bei verminderter Sicht)

—••

• Manövrierunfähig oder manövrierbehindert in Fahrt oder vor Anker

• Tiefgangbehindert in Fahrt

• Segelfahrzeug (über 12m) in Fahrt

• Schleppendes oder schiebendes Fahrzeug in Fahrt

• Fischendes Fahrzeug in Fahrt oder vor Anker

Mindestens alle zwei Minuten

—•• —•••

Geschlepptes Fahrzeug oder das letzte bemannte Fahrzeug eines Schleppverbandes

Vor Anker (bei verminderter Sicht)

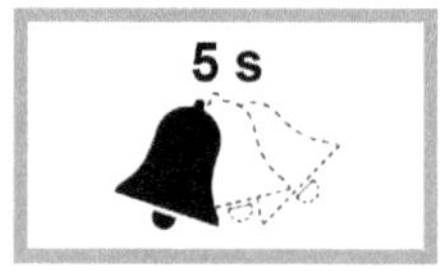

Fahrzeug vor Anker, weniger als 100 m Länge: 5 Sekunden lang rasches Läuten der Glocke, mindestens jede Minute

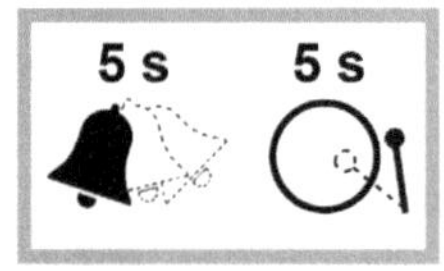

Fahrzeug vor Anker, mehr als 100 m Länge: 5 Sekunden lang rasches Läuten der Glocke, danach 5 Sekunden lang rasches Schlagen des Gongs. Mindestens jede Minute

ÜBUNGEN:

1. Wann haben Schiffe Sicht-Signale zu zeigen?
2. Woran ist zu erkennen, dass ein Segelboot mit Motor fährt?
3. Wie ist ein Segelschiff unter Motor zu behandeln?
4. Wie muss ich mich verhalten, wenn ich ein manövrierunfähiges Schiff sehe?
5. Woran erkenne ich, dass ein 70 Meter langes Schiff ankert?
6. Wie verhalte ich mich, wenn ich das Schallsignal kurz, lang, kurz lang alle 15 Minuten höre?

LÖSUNGEN ZU DEN ÜBUNGEN:

KAPITEL 1.10

1. Westliche Längen befinden sich westlich des durch die Sternwarte von Greenwich verlaufenden Null-Meridians, östliche Längen östlich des Null-Meridians.
2. Winkel λ gibt die Ost-West-Richtung an, φ die Nord-Süd-Richtung.
3. Ausschließlich an den Seitenrändern.

KAPITEL 1.11

1. Missweisungen entstehen durch geologische Formationen und Einflüsse des irdischen Magnetfeldes.
2. Die Deviation ist die Ablenkung der Kompassnadel durch das Schiffs-Magnetfeld.
3. Mw 2019 -01°24‘W
   Änderung für 3 Jahre -00°36‘W
   Mw 2022 -02°00‘W

   MgK 160°00‘
   Abl +004°00‘
   mwK 164°00‘
   Mw -002°00‘
   rwK 162°00‘

4. Mw 2018 +006°00‘E
   Änderung für 4 Jahre -002°00‘W
   Mw 2022 +004°00‘E

   MgK 215°00‘
   Abl +006°00‘
   mwK 221°00‘
   Mw +004°00‘
   rwK 225°00‘

KAPITEL 1.12

1. Ein Knoten entspricht einer Seemeile pro Stunde
2. Ein traditionelles Log ist ein Holzscheit an einer langen Leine, die im Abstand von je sieben Metern mit einem Knoten versehen ist.
3. 5 x 1,8 = 9 km/h

KAPITEL 1.13

1. Das Koppeln ist ein wichtiges Verfahren, um die aktuelle Position des Schiffes auf See zu ermitteln. Damit dient es auch dazu, das geplante Ziel zu erreichen.
2. Der Koppelort ist die jeweils aktuelle Position des Schiffes bei der Kopplung.
3. FdW 6 kn x t 2 h = D 12 sm

KAPITEL 1.14

1. Die Fehlweisung ergibt sich aus der Addition von Missweisung und Ablenkung. Sie kommt bei Peilungen auf demselben Kurs innerhalb eines Seegebiets mit derselben Missweisung zur vereinfachten Berechnung der rechtweisenden Peilung zur Anwendung.
2. Die Standlinie ist die Linie, die nach einer Peilung und der Korrektur der Peillinie in die Seekarte eingetragen wird.
3. Die Seitenpeilung ist der Winkel zwischen dem Peil-Objekt und der Rechtvorausrichtung des Schiffes.
4. SP 65° + rwK 125° = rwP 190°
5. Eine Kreuzpeilung besteht aus mindestens zwei angepeilten Objekten. Zwischen der ersten und zweiten Peilung bewegt sich das Schiff vorwärts. Je weiter die zurückgelegte Entfernung zwischen beiden Peilungen ist, umso ungenauer wird das Ergebnis.

KAPITEL 1.15

1. Im Küstenbereich, in Tidegewässern und beim Ankern sollte die Wassertiefe gemessen werden.
2. Mit einem handelsüblichen Handlot ist die Messung einer Wassertiefe bis zu 30 Metern möglich.
3. Der Geber des Echolots misst die Wassertiefe von seiner Position bis zum Meeresgrund. Die tatsächliche Wassertiefe ist um die Differenz zwischen dem Geber und der Wasseroberfläche größer.

KAPITEL 1.16

1. Die Kollisionsverhütung und die Erhöhung der Sicherheit.
2. Statische, dynamische und reisebezogene Daten der Schiffe.
3. Die Ausrüstung mit AIS ist im internationalen Schiffsverkehr für Schiffe über 300 BRZ und im nationalen Schiffsverkehr für Schiffe über 500 BRZ vorgeschrieben. Ferner müssen Passagierschiffe mit mehr als 50 Personen an Bord ein AIS-Gerät betreiben.

KAPITEL 1.17

1. Der Fluidkompass ist mit einer dämpfenden Flüssigkeit gefüllt. Dadurch reagiert er träge auf Schiffsbewegungen und Vibrationen an Bord und ermöglicht eine genaue Anzeige.
2. Der Steuerstrich des Kompasses muss parallel oder deckungsgleich mit der Kiellinie verlaufen. Im Abstand von etwa einem Meter dürfen sich keine metallischen Gegenstände befinden. Elektrische Leitungen müssen speziell isoliert sein. Der Kompass muss beim Steuern stets gut ablesbar sein.
3. Das Navigationsbesteck besteht aus einem abgestumpften Marine-Stechzirkel, einem Kursdreieck und einem Anlegedreieck. Ferner sind weiche Bleistifte, Anspitzer und Radiergummi für Eintragungen in der Seekarte erforderlich.
4. Das Kursdreieck ist stets so anzulegen, dass die Spitze seines rechten Winkels auf der Karte nach Süden zeigt. Der Anlegepunkt in der Mitte der Hypotenuse muss mit einem Meridian in Deckung gebracht werden, um an der südlichen Skala den Kurs ablesen zu können.
5. Zunächst wird eine Linie zwischen Start- und Zielpunkt in der Seekarte gezogen. An dieser Linie legt man die Hypotenuse des Kursdreiecks an und verschiebt es mit dem Anlegedreieck parallel, bis der Anlegepunkt einen Meridian erreicht. An dieser Stelle lässt sich an der südlichen Seite des Kursdreiecks der Kurs ablesen.

KAPITEL 1.18

1. Ebbe ist der Zeitraum des abfließenden Wassers zwischen Hochwasser und Niedrigwasser.
2. Der Tidenhub gibt den Unterschied des Wasserstandes zwischen Niedrigwasser und Hochwasser an.
3. Bei der Gezeitennavigation sind die unterschiedlichen und wechselnden Wasserstände sowie besonders starke Strömungen zu beachten.
4. Niedrigwasser beschreibt den niedrigsten Wasserstand einer Tide direkt vor dem Eintritt der Flut.
5. Eine Tide besteht aus Ebbe und Flut, mit einem Niedrigwasser und einem Hochwasser.

KAPITEL 1.19

1. Spezialrecht gilt vor Allgemeinrecht. Es gelten die SeeSchiffStrO oder die speziellen Verordnungen.
2. Die KVR gelten auf hoher See und den angrenzenden, von Seeschiffen befahrbaren Gewässern außerhalb der deutschen Seeschifffahrtsstraßen.
3. Die deutschen Küstengewässer reichen bis zu zwölf Seemeilen ab der Niedrigwasser-Linie.
4. Der Sportbootführerschein See ist nur auf den deutschen Seeschifffahrtsstraßen Vorschrift.

KAPITEL 1.20

1. Schiffe zeigen Sicht-Signale am Tag, also von Sonnenaufgang bis Sonnenuntergang.
2. Ein unter Motor fahrendes Segelschiff zeigt als Sichtzeichen einen schwarzen Kegel mit der Spitze nach unten. Bei Nacht führt es die Lichtzeichen eines Maschinenfahrzeugs.
3. Ein Segelschiff unter Motor gilt als Maschinenfahrzeug und genießt daher keine besonderen Vorfahrtsregeln.
4. Gegenüber manövrierunfähigen und manövrierbehinderten Fahrzeug sind alle anderen ausweichpflichtig.
5. Am Tag zeigt das Schiff einen schwarzen Ball im vorderen Teil. Nachts und bei schlechter Sicht zeigt es zwei weiße Rundumlichter, eines vorne und eines im hinteren Bereich. Das hintere ist niedriger als das vordere.
6. Es handelt sich um das Bleib-weg-Signal. Alle anderen Fahrzeuge halten einen großen Abstand.

Übungsdownload:
bit.ly/Uebungen-Sportboot

1.21 FAHR- UND AUSWEICHREGELN

Wer bereits einmal ein Boot gesteuert hat, weiß, dass es etwas komplizierter ist, als mit einem Auto auf der Straße unterwegs zu sein. Boote haben keine Bremsen und keine Räder. Daher sind spezielle Fahrregeln notwendig, um Kollisionen mit anderen Schiffen oder Bauwerken im Wasser und am Ufer zu vermeiden.

Die Geschwindigkeit auf dem Wasser

Auch auf dem Wasser sind Geschwindigkeitsbegrenzungen zu beachten. Auf vielen schiffbaren Binnengewässern gilt für Schiffe und Verbände eine Höchstgeschwindigkeit von 12 Stundenkilometern. Die professionelle Schifffahrt hat auch auf der zu den Seewasserstraßen zählenden Unter- und Außenelbe zwischen Hamburg und Cuxhaven eine Höchstgeschwindigkeit zwischen 10 und 15 Knoten einzuhalten, wenn ihre Schiffe länger als 90 Meter sind. An Stellen mit erkennbarem Badebetrieb außerhalb des Fahrwassers gilt in einem Abstand von 500 Metern eine Höchstgeschwindigkeit von **8 km/h**. In Häfen und in Ufernähe gelten ebenfalls grundsätzlich Geschwindigkeitsbegrenzungen. Individuelle Regelungen bestehend zudem in einzelnen Bereichen von Binnen- und Seewasserstraßen.

Gründe für diese Geschwindigkeitsbegrenzungen sind Gefahren für Menschen und die Umwelt im Bereich der Uferzonen. Zum einen gehen hohe Geschwindigkeiten von Sportbooten mit einer starken Geräuschbelastung einher. Zum anderen können die Bugwellen schnell fahrender Schiffe enorme Höhen annehmen. Sie verursachen Schäden im Bereich der Uferzonen und können Menschen im Wasser gefährden.

Generelle Geschwindigkeitsregelung

Über diese speziellen Geschwindigkeitsbegrenzungen hinaus gilt in der Schifffahrt generell folgende Regelung:

Die Geschwindigkeit von Wasserfahrzeugen muss sich den jeweils aktuellen Sicht- und Witterungsverhältnissen sowie der bestehenden Verkehrslage anpassen. Es muss jederzeit angepasst an die herrschenden Bedingungen die Möglichkeit zum Stoppen bestehen.

Sog und Wellenschlag sind insbesondere beim Passieren von:

- Schleusen,
- Häfen,
- Sperrwerken,
- festliegenden Fähren,
- manövrierunfähigen, manövrierbehinderten und festsitzenden Fahrzeugen,
- schwimmenden Anlagen und Geräten,
- geschleppten Schwimmkörpern sowie
- Stellen mit Geschwindigkeitsbegrenzungen und Kennzeichnung mit Flagge „A" des Internationalen Signalbuches für Taucher im Wasser(weiß-blau mit Doppelspitze), zu vermeiden.

Verhalten in Verkehrstrennungsgebieten

Bei einigen Seewasserstraßen handelt es sich um ausgewiesene Verkehrstrennungsgebiete. Sie sind vergleichbar mit Einbahnstraßen im Straßenverkehr. In Seekarten sind die Verkehrstrennungsgebiete anhand von Trennlinien und Pfeilen ausgewiesen. Sie dürfen jeweils nur in der durch den Pfeil markierten Richtung befahren werden. Dabei ist zu beachten, dass die Fahrt **möglichst weit von der Trennlinie entfernt** erfolgt. Grundsätzlich gelten die Kollisionsverhütungsregeln. Darüber hinaus sind folgende Besonderheiten zu beachten:

- **Ein- und Auslaufen** sollen an den Enden des Verkehrstrennungsgebiets erfolgen.
- Ist das Ein- und Auslaufen von der Seite notwendig, schreiben die Kollisionsverhütungsregeln einen **möglichst kleinen Winkel** zur jeweiligen Verkehrsrichtung vor.
- Das **Queren von Verkehrstrennungsgebieten ist zu vermeiden**.
- Ist ein Boot oder Schiff zum Queren gezwungen, muss es einen **rechten Winkel** zur allgemeinen Verkehrsrichtung einhalten.
- Die an ein Verkehrstrennungsgebiet angrenzende Küstenverkehrszone dürfen nur **Fahrzeuge unter 20 Meter Länge, Segelfahrzeuge und fischende Fahrzeuge** nutzen.

Ausnahmen:

✔ Schiffe auf dem Weg von oder zu einem Hafen, einer Lotsenstation, einem Bauwerk oder einer anderen Einrichtung innerhalb der Küstenverkehrszone,

- ✓ zur Abwendung einer unmittelbaren Gefahr,
- ✓ das sichere Befahren des Verkehrstrennungsgebiets ist nicht möglich.

- Einlaufen oder Überfahren der Trennlinie ist abgesehen vom Queren oder Einlaufen in den Einbahnweg **nur in Notfällen** zur Abwendung einer unmittelbaren Gefahr sowie zum Fischen in der Trennzone erlaubt.
- Die Bereiche rund um die Zu- und Abgänge von Verkehrstrennungsgebieten müssen mit **besonderer Vorsicht** befahren werden.
- Das **Ankern** innerhalb von Verkehrstrennungsgebieten sowie in den Zu- und Abgängen ist zu vermeiden.
- Fahrzeuge außerhalb von Verkehrstrennungsgebieten müssen einen **möglichst großen Abstand** einhalten.
- ✓ Fischende Fahrzeuge dürfen die Durchfahrt anderer Schiffe im Verkehrstrennungsgebiet **nicht behindern**.

Ausnahmen:
- ✓ manövrierbehinderte Fahrzeuge, die Arbeiten zur Aufrechterhaltung der Sicherheit der Schifffahrt durchführen,
- ✓ manövrierbehinderte Fahrzeuge, die Unterwasserkabel auslegen.

- Fahrzeuge mit einer Länge unter 20 Metern und Segelfahrzeuge dürfen die sichere **Durchfahrt von Maschinenfahrzeugen im Verkehrstrennungsgebiet nicht behindern**.

Zur Berechnung des Winkels beim Queren eines Verkehrstrennungsgebiets sowie beim Ein- und Auslaufen sind Strom- und Windversetzung zu berücksichtigen.

Ausweichen und Kurshalten

Die Gefahr eines Zusammenstoßes zwischen zwei Wasserfahrzeugen ist in jedem Fall zu vermeiden. Daher müssen Schiffsführer stets die Fahr- und Ausweichregeln der Seeschifffahrtsstraßen-Ordnung und der Kollisionsverhütungsregeln beachten. Das Kollisionsrisiko besteht regelmäßig dann, wenn ein sich näherndes Fahrzeug stets in demselben Winkel gepeilt werden kann. Besteht diesbezüglich Unsicherheit, ist die Gefahr anzunehmen.

Ausweichmanöver erfolgen rechtzeitig, entschlossen und so, wie es der guten Seemannschaft entspricht.

Darüber, wer auszuweichen hat, bestimmen die Ausweichregeln. Der **Ausweichpflichtige** führt das Ausweichmanöver frühzeitig, durchgreifend und klar erkennbar durch. Er kreuzt nicht den Bug des anderen Fahrzeugs, sondern passiert es an dessen Heck. Für den nicht ausweichpflichtigen Schiffsführer besteht gleichzeitig eine Kurshaltepflicht. Um Irritationen für den Ausweichpflichtigen zu vermeiden, behalten **Kurshaltepflichtige** ihren Kurs und ihre Geschwindigkeit bei.

Entsteht der Eindruck, dass der Ausweichpflichtige seiner Pflicht nicht nachkommt, erfolgt ein Hinweis auf die Ausweichpflicht durch mindestens fünf kurze Pfeiftöne in schneller Folge. Erfolgt auch darauf kein erkennbares Ausweichmanöver, führt der Kurshalter das **Manöver des letzten Augenblicks** durch, indem er in Fahrtrichtung des Kollisionsgegners abdreht.

Ausweichregeln

Sowohl die Seeschifffahrtsstraßen-Ordnung wie auch die Kollisionsverhütungsregeln enthalten Ausweichregeln. Die Vorfahrtsregeln der SeeSchStrO gelten innerhalb der deutschen Fahrwasser, die Ausweichregeln der KVR auf hoher See und außerhalb der Seeschifffahrtsstraßen.

Die KVR legen unterschiedliche Ausweichregeln für Maschinenfahrzeuge und Segelfahrzeuge fest. In den Vorfahrtregeln der SeeSchStrO gilt diese Unterscheidung nicht in jedem Fall.

Unabhängig von der Antriebsart ist immer **das überholende Fahrzeug ausweichpflichtig**. Als überholdend gilt ein Fahrzeug, das sich einem anderen von mehr als 22,5 Grad achterlicher als querab nähert, also im Bereich des Hecklichts. Ist insbesondere bei Tageslicht nicht erkennbar, ob tatsächlich ein Überholvorgang vorliegt oder ob es sich lediglich um eine Begegnung handelt, müssen Schiffsführer davon ausgehen, dass sie ausweichen müssen.

Ausweichen von Maschinenfahrzeugen untereinander:

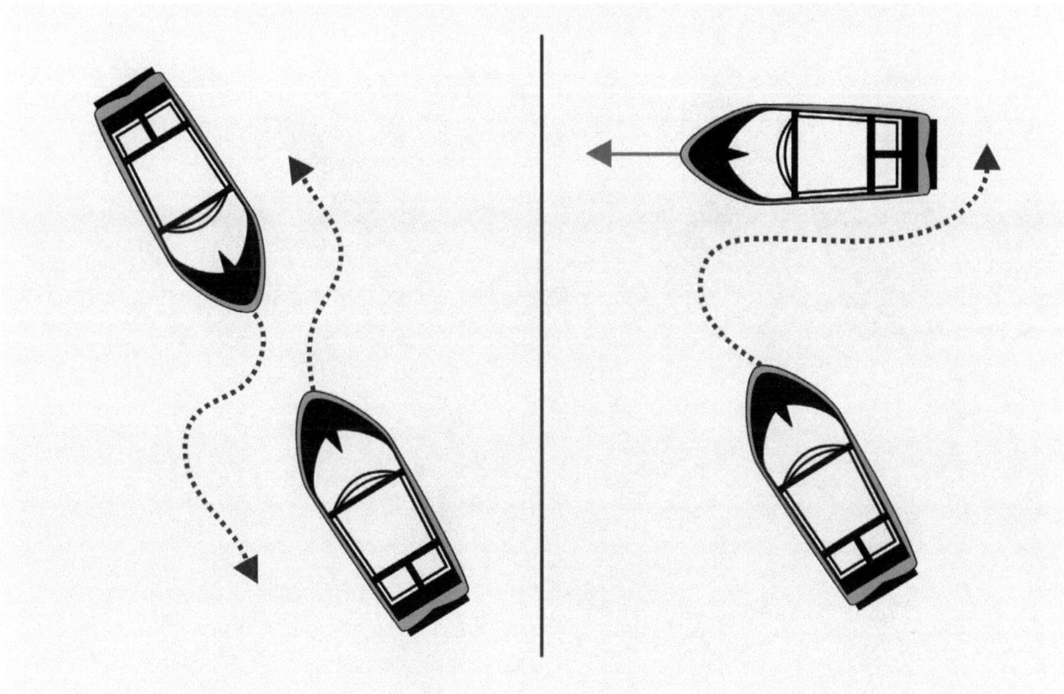

- Bei **entgegengesetzten Kursen** verändern beide Fahrzeuge ihren Kurs nach Steuerbord, um einander an den Backbordseiten zu passieren.
- Bei **kreuzenden Kursen** gilt: „links weicht rechts". Das Fahrzeug, das das andere an seiner Steuerbordseite hat, weicht aus, indem es das andere Fahrzeug an seinem Heck passiert.

Ausweichen von Segelfahrzeugen untereinander:

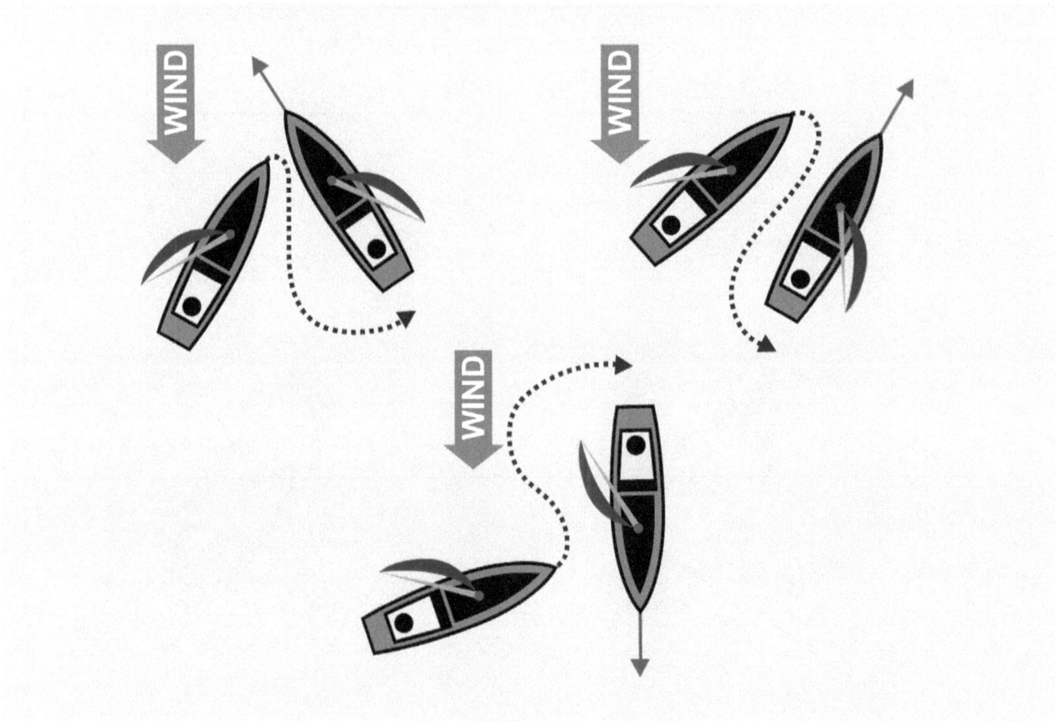

- **Backbord-Wind weicht vor Steuerbord-Wind:** Begegnen sich zwei Segelfahrzeuge, die den Wind nicht von derselben Seite haben, weicht das mit dem Wind an seiner Backbordseite aus.
- **Luv weicht Lee:** Begegnen sich zwei Segelschiffe mit dem Wind von derselben Seite, weicht dasjenige aus, dass den Wind an seiner Luv-Seite hat.
- Wenn ein Segelboot mit Wind von Backbord nicht erkennen kann, von welcher Seite der Wind auf das von Luv begegnende Segelboot trifft, weicht es aus.

Die Luvseite liegt stets dem gesetzten Großsegel gegenüber.

Ausweichen verschiedener Fahrzeuge untereinander:

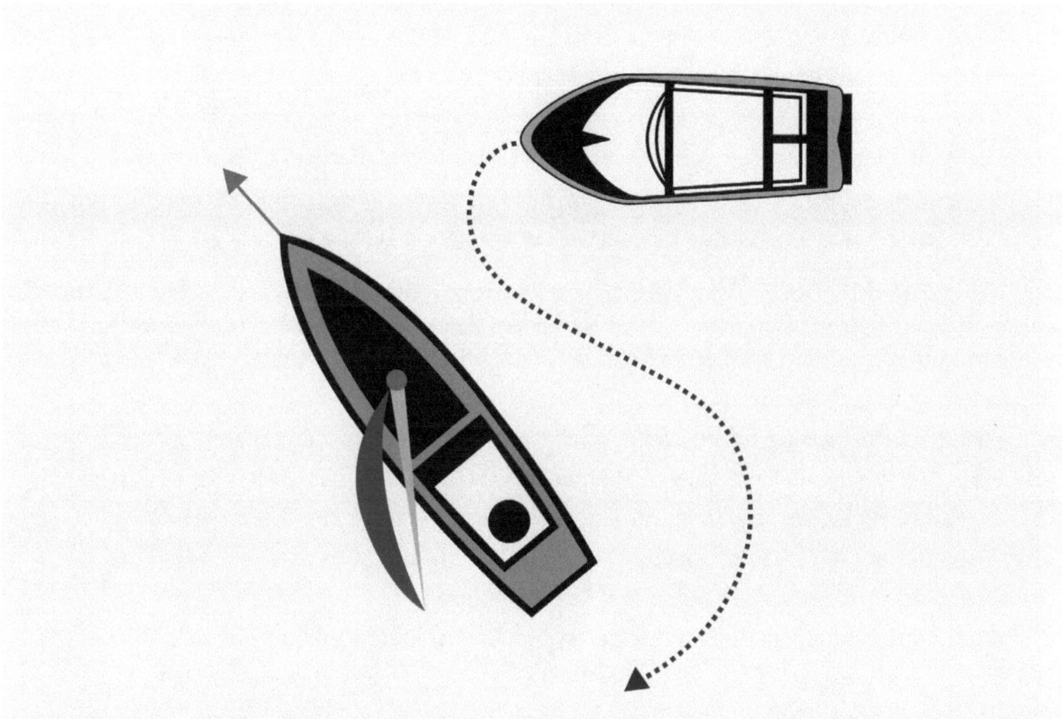

- **Maschinenfahrzeuge und Segelfahrzeuge** dürfen die Durchfahrt tiefgangbehinderter Fahrzeuge nicht behindern.
- **Maschinenfahrzeuge** weichen Segelfahrzeugen, fischenden Fahrzeugen sowie manövrierunfähigen oder manövrierbehinderten Fahrzeugen aus.
- **Segelfahrzeuge** weichen fischenden, manövrierbehinderten und manövrierunfähigen Fahrzeugen aus.

Segelfahrzeuge, die mit Motorantrieb fahren, gelten als Maschinenfahrzeuge und haben die Ausweichregeln für Maschinenfahrzeuge zu beachten.

Vorfahrtsregeln nach der SeeSchStrO

Innerhalb des Geltungsbereichs der SeeSchStrO und der Ordnungen spezieller Seegebiete gelten abweichend von den KVR folgende Vorfahrtsregeln:

- Fahrzeuge, die im **Fahrwasser dem Fahrwasserverlauf folgen**, haben Vorfahrt vor den Fahrzeugen, die in das Fahrwasser einlaufen, das Fahrwasser queren, im Fahrwasser drehen oder ihre Anker- und Liegeplätze im Fahrwasser verlassen. Diese Regelung gilt für Segelfahrzeuge gleichermaßen.
- Nicht deutlich der Richtung des Fahrwassers folgende **Segelfahrzeuge verhalten sich untereinander nach den KVR**, sofern sie dadurch nicht vorfahrtberechtigte Fahrzeuge behindern oder gefährden.
- **Fahrzeuge im Fahrwasser** haben stets Vorfahrt vor einlaufenden Fahrzeugen. Maschinenfahrzeuge im Fahrwasser haben auch Vorfahrt vor einlaufenden Segelfahrzeugen.
- Bei **Begegnungen an Engstellen** hat in Tidegewässern und tidefreien Gewässern mit Strömung das mit dem Strom fahrende Fahrzeug Vorfahrt. Bei Stromstillstand hat das Fahrzeug Vorfahrt, das vorher gegen den Strom gefahren ist.
- Bei Begegnungen an Engstellen in **tidefreien Gewässern ohne Strömung** hat das Fahrzeug Vorfahrt, das grundsätzlich die Steuerbordseite des Fahrwassers zu benutzen hat.
- Vorfahrtgewährende Fahrzeuge müssen durch ihr Verhalten rechtzeitig erkennen lassen, dass sie die Vorfahrt gewähren. Sie dürfen nur weiterfahren, wenn sie erkennbar die Schifffahrt nicht beeinträchtigen.

ÜBUNGEN:

1. Was ist das Manöver des letzten Augenblicks?
2. Welches Fahrzeug ist ausweichpflichtig, wenn sich die Kurse zweier Maschinenfahrzeuge kreuzen?
3. Wie verhält sich ein Maschinenfahrzeug gegenüber einem Segelfahrzeug außerhalb des Fahrwassers?
4. Wie lautet die generelle Geschwindigkeitsregelung der KVR?
5. Welches Segelfahrzeug muss außerhalb des Fahrwassers ausweichen, wenn beide Fahrzeuge den Wind nicht von derselben Seite haben?

1.22 SO FÜHREN SIE EIN BOOT IN DER PRAXIS

Die Prüfung zur Erlangung eines Sportbootführerscheins besteht neben dem theoretischen auch aus einem praktischen Teil. Dieser umfasst neben der praktischen Fahrprüfung auch das Thema Knotentechnik. Aber auch in der theoretischen Prüfung kommen Fragen zur praktischen Schiffsführung vor. Um das Fahren eines Bootes in der Praxis kennenzulernen, sind einige Fahrstunden erforderlich. Sie vermitteln das Gefühl für das Steuern eines Bootes auf dem Wasser. Das fließende Element stellt **besondere Herausforderungen** an Fahrschüler, die noch nicht über Erfahrungen zum Beispiel mit führerscheinfreien Booten verfügen. Deshalb ist es wichtig, sich bereits vor der ersten Fahrstunde theoretisch mit einigen Besonderheiten vertraut zu machen.

Besonderheiten beim Steuern eines Bootes

Wie bereits im letzten Kapitel erwähnt, unterscheidet sich das Steuern eines Bootes grundlegend vom Fahren eines Autos. Es fehlen Räder und Bremsen. Das Boot schwimmt in einem bewegten Element und ist dessen Einflüssen unterworfen. Strömungen, der Wind und die Wasserverdrängung durch das Boot selbst wirken sich auf die Steuerung aus. Beispielsweise **reagiert ein Boot zunächst nur langsam auf Steuerbewegungen**. Ungeübte Freizeitkapitäne schlagen daraufhin das Lenkrad stärker ein. Wenige Sekunden später dreht sich das Boot deutlich weiter als gewünscht. Es ist also wichtig, dem Boot einen Moment Zeit zu lassen, bis es die gewünschte Richtung einschlägt. Ein abruptes Herumreißen des Steuers kann schlimmstenfalls sogar ein Boot zum Kentern bringen. Besonders Anfänger müssen daher zunächst das Feingefühl für das richtige Steuern entwickeln.

Wichtige Grundsätze in der Schiffsführung sind **Ruhe und Gelassenheit**. Wer Ruhe bewahrt und die Geschwindigkeit reduziert, hat mehr Zeit, um auf die Bewegungen des Bootes zu reagieren.

Einige Effekte sind typisch für die Bootsführung und sollten daher stets beachtet werden.

Die Wirkung des Ruders

Die Steuerung erfolgt durch das **Ruder**. Kleine Motorboote verfügen daher oft nicht über ein Lenkrad, sondern werden direkt mit dem Ruder, **der Pinne**, am Heck des Bootes gesteuert. Bei Booten mit kleinen Außenbordmotor geschieht das über die direkt mit dem Motor verbundene Pinne. In der Prüfung für den Sportbootführerschein kommen Boote mit Lenkrad zum Einsatz. Das Lenkrad ist mit dem Ruderblatt am Heck verbunden und bewegt es in die gewünschte Richtung.

Das Ruderblatt taucht am Heck des Bootes senkrecht in das Wasser ein und wird dort bei Fahrt an beiden Seiten vom Wasser angeströmt. Solange es gerade – also mittschiffs – steht, ist der Strömungseinfluss des Wassers auf beiden Seiten des Ruderblatts gleich. **Das Schiff fährt geradeaus.**

Wird das Lenkrad und damit das **Ruderblatt nach Steuerbord** gedreht, entsteht auf der Ruderblatt-Fläche an Steuerbord ein größerer Wasserwiderstand als auf der Backbord-Fläche. Das auf das Ruderblatt strömende Wasser drückt das Heck des Bootes nach Backbord. Dadurch dreht sich der Bug in Steuerbord-Richtung, sodass das Boot seinen **Kurs nach Steuerbord** ändert.

Bei Drehung des **Lenkrads zur Backbordseite** geschieht dasselbe in umgekehrter Richtung. Die Backbordfläche des Ruderblatts bildet den größeren Wasserwiderstand, das Heck dreht in Steuerbordrichtung und der **Bug nimmt Kurs nach Backbord**.

Dadurch, dass das Ruderblatt genau im Propellerstrom liegt, wird die **Ruderwirkung bei Vorausfahrt erhöht**. Die Reaktion des Bootes auf Lenkbewegungen steht in einem engen Zusammenhang mit der gefahrenen Geschwindigkeit. Je schneller das Boot fährt, umso schneller reagiert es auf Lenkimpulse. Ein schneller Richtungswechsel lässt sich daher realisieren, indem beim Einschlagen des Lenkrads gleichzeitig ein wenig Gas gegeben wird, aber wohldosiert.

Bei Vorausfahrt dreht sich der Bug in dieselbe Richtung, in die das Ruderblatt gelegt wird. Das Heck dreht sich dabei in die entgegengesetzte Richtung. Es ist nicht notwendig, das Ruderblatt bei Vorausfahrt stärker als 40 Grad einzuschlagen.

Bei Rückwärtsfahrt verläuft es andersherum. **Das Heck dreht sich bei Rückwärtsfahrt in die Richtung, in die das Ruderblatt gelegt wird.** Das Heck ist aufgrund des dort installierten Ruderblatts deutlich rangierfreudiger als der Bug. Diese Eigenschaft ist insbesondere vorteilhaft, um rückwärts von engen Liegeplätzen abzulegen.

Ein Boot bremsen: das Aufstoppen

Schon mit dem Ruderlegen geht stets eine Bremswirkung einher. Soll das Boot aber schnell an Fahrt verlieren, ist die Meinung weit verbreitet, dass das Aufstoppen durch Einlegen des Rückwärtsgangs erfolgt. Das darf jedoch nicht bei voller Fahrt voraus geschehen. Das Schiff läuft durch den extremen Richtungswechsel des Propellers aus dem Ruder. Zudem besteht die Gefahr, das Getriebe zu beschädigen.

Für eine starke Bremswirkung reicht es aus, das Gas zurückzunehmen, ohne auszukuppeln. Dadurch läuft der Propeller langsam weiter und bremst durch seinen Wasserwiderstand das Boot stark ab. Der Rückwärtsgang sollte nur bei extrem langsamer Fahrt und nur in Notfällen eingelegt werden. Im Idealfall wird die Geschwindigkeit bereits frühzeitig reduziert und langsam an eine Anlegestelle oder an ein anderes Ziel herangefahren. Gelassenheit ist auch beim Aufstoppen und Anlegen hilfreich.

Steuern in engen und flachen Gewässern

Einige Besonderheiten birgt das Fahren auf dem Wasser in engen Gewässern wie kleinen Kanälen oder Grachten. Bei Fahrt durchs Wasser erzeugt jedes Boot durch seine Wasserverdrängung Wellen. Je höher die Geschwindigkeit ist, umso stärker wird der erzeugte Wellengang. Fährt ein Boot schnell durch einen engen Kanal, können schnell Wellen mit einer Höhe von einem halben Meter entstehen. Das Wasser schwappt dadurch über die Ufer. Am Ufer angelegte Boote geraten in Bewegung und das Wasser erreicht Menschen, die sich in Ufernähe befinden. Durch die Bewegung angelegter Boote können Schäden entstehen. An allen Ufern führt ein starker Wellenschlag zudem zur Beschädigung von Uferzonen und Uferbefestigungen. Die Fahrweise in engen Gewässern ist daher so anzupassen, dass **Wellenschlag vermieden** wird.

Außerdem kann das unachtsame Befahren enger Gewässer das eigene Boot gefährden. Neben dem Wellenschlag entsteht bei Fahrt in Ufernähe eine **Sogwirkung** zwischen dem Boot und dem Ufer. Aufgrund des geringen Raumes zwischen Schiff und Ufer strömt das Wasser in diesem Bereich schneller und verursacht den Sog. Kleinere Boote können durch diese Sogwirkung an das Ufer herangezogen werden und havarieren. Daher lautet der Grundsatz beim Befahren enger Gewässer und beim Fahren in Ufernähe stets: **Sog und Wellenschlag vermeiden**.

Das Befahren von **flachen Gewässern** stellt ebenfalls besondere Anforderungen an Schiffsführer. Hier entsteht ein **Grundsog** im Bereich des Hecks. Das Heck senkt sich aufgrund des geringen Abstands zum Grund leicht ab. Dadurch reagiert das Schiff besonders träge auf Steuerbewegungen. Auch flache Gewässer erfordern daher eine vorsichtige Fahrweise.

Begegnungen mit großen Schiffen

Besonders gefährlich kann sich der **Sog beim Begegnen mit großen Schiffen** oder beim Überholen großer Schiffe auswirken. Da beide Fahrzeuge in Bewegung sind, verstärkt sich der Unterdruck zwischen den Bordwänden beider Schiffe und es entsteht ein erheblicher Sog, der das kleinere Fahrzeug an das große heranzieht. Im schlimmsten Fall kommt es zu einer Kollision. Daher gilt bei Begegnungen mit großen Fahrzeugen:

! **Ausreichenden Abstand halten und zügig passieren, Überholen nur bei ausreichend übersichtlicher Verkehrslage!**

wWird ein Schiff überholt, muss der Schiffsführer die Gefahr von Schwall und Sog ebenfalls beachten. Wenn möglich, weicht er bei einem zu gering erscheinenden Abstand zur Steuerbordseite aus und macht den Überholer auf den geringen Abstand aufmerksam. Sog und Schwall können dazu führen, dass das eigene Boot aus dem Kurs läuft und querschlägt.

Eine weitere Schwierigkeit für kleinere Boote bilden die **Bug- und Heckwellen großer Schiffe**. Selbst bei langsamer Fahrt verursachen große Schiffe hohe Wellen, die kleinere Fahrzeuge zum Kentern bringen können. Daher sind Bug- und Heckwellen anderer Wasserfahrzeuge nur **in einem rechten Winkel** mit dem Bug voraus zu passieren.

Vorsicht Heck schwenkt aus - der Derivationswinkel

Da jede Steuer- und Ruderbewegung zunächst das Heck eines Bootes herausdrückt, entsteht insbesondere beim **Fahren eines Bogens** ein spezieller Effekt. Das Heck schwingt mit jeder weiteren Steuerbewegung stärker zur entgegengesetzten Seite aus. Dem gefahrenen Bogen folgt das Boot, indem es darauf entlang gleitet. Dadurch richtet sich die Längsachse des Schiffes stärker in den Bogen hinein, als es notwendig wäre. Als Winkel zwischen der Längsachse des Bootes und dem gefahrenen Bogenkurs bildet sich der Derivationswinkel.

Auf einem ausreichend breiten Binnengewässer oder auf See verursacht die Bogenbewegung keinerlei Probleme. Anders verhält es sich jedoch in engen Häfen. Das starke Ausschwenken des Hecks kann zu Kollisionen mit Hafenmauern oder mit anderen Schiffen führen. Daher sollten Schiffsführer beim **Steuern an engen Stellen** immer berücksichtigen, dass sich der Drehpunkt des Schiffes im vorderen Drittel der Gesamtlänge befindet. **Etwa zwei Drittel der Schiffslänge schwenken bei Vorausfahrt in einem Bogen nach hinten zur entgegengesetzten Seite aus.**

Radeffekt des Propellers beachten

Der Propeller des Schiffs, die Schiffsschraube, dreht sich nach rechts oder links. Die meisten Schiffe verfügen über rechtsgängige Propeller. Sie drehen bei eingelegtem Vorwärtsgang nach rechts und bei Rückwärtsfahrt nach links. Bei einer linksdrehenden Schraube ist es umgekehrt. Aufgrund dieser seitlichen Drehbewegung des Propellers erhält das Schiff neben dem Vorschub auch **einen seitlichen Drall im Bereich des Hecks**. Das Heck des Schiffs bewegt sich also immer geringfügig zur Seite. Diese typische Erscheinung ist als **Radeffekt** bekannt.

Bei Vorausfahrt bewegt der rechtsgängige Propeller das Heck nach Steuerbord. Im Rückwärtsgang dreht sich der Propeller nach links. Der Radeffekt führt das Heck zur Backbordseite. Den Radeffekt machen sich Schiffsführer insbesondere **beim seitlichen Anlegen** zunutze. Boote mit rechtsgängigen Schrauben legen bevorzugt mit ihrer Backbordseite an. Mit einer kurzen Betätigung des Rückwärtsganges zieht sich das Heck dank des Radeffekts nach Backbord an das Ufer oder die Pier heran. Schiffe mit linksdrehenden Propellern legen mit ihrer Steuerbordseite an, da der Radeffekt beim Einlegen des Rückwärtsgangs das Heck nach Steuerbord zieht.

Manöver im Hafen

In den ersten Fahrstunden und später bei den ersten Touren mit dem eigenen oder einem gemieteten Boot betrachten viele Schiffsführer das An- und Ablegen als besondere Herausforderung. Während Manöver in Fahrt üblicherweise mit einem ausreichenden Abstand zu anderen Schiffen und zum Ufer einhergehen, kann es bei einem An- und Ablegemanöver im Hafen sehr eng werden. Bereits kleine Fehler bergen das Risiko, das eigene Boot und andere Schiffe zu beschädigen. Gerade beim Manövrieren mit geringer Geschwindigkeit und auf engem Raum wirken sich zusätzlich äußere Einflüsse wie Strömung und Wind auf das Boot aus.

Berücksichtigung von Strömung und Wind

Der Wind beeinflusst nicht nur das Verhalten von Segelyachten. Kapitänen von Motorbooten kann er besonders beim An- und Ablegen das Leben erschweren. Generell ist es **einfacher, gegen Wind und Strom anzulegen**, als mit Strom und Wind. Daher ist es ratsam, bereits bei der Einfahrt in den Hafen zu wissen, aus welchen Richtungen diese natürlichen Einflüsse auf das Schiff wirken. Treffen Wind und Strömung aus unterschiedlichen Richtungen auf das Boot, hat die Strömung meist den stärkeren Einfluss auf den Kurs eines Verdrängers. Ein Gleiter mit niedrigerem Tiefgang hingegen reagiert stärker auf den Einfluss des Windes. Grundsätzlich gilt es, in der Gegenrichtung von Wind und Strom genügend Raum vorzuhalten für den Fall, dass das Schiff abdriftet.

Da die Wirkungen von Strom und Wind selbst innerhalb eines Hafenbeckens unterschiedlich ausfallen können, empfiehlt es sich, stets ein besonderes Augenmerk darauf zu richten.

Rückwärts rangieren

Im Hafen kann es notwendig sein, das Boot rückwärts zu rangieren. Während beim Vorwärtsfahren der Einfluss des Propellerstroms auf das Ruder den Kurs recht voraus erleichtert, fehlt diese Wirkung beim Rückwärtsfahren. Das hat zur Folge, dass sich Boote beim Rückwärtsfahren nur **schwer auf Kurs halten** lassen. Daher sollte sich das rückwärtige Rangieren auf kurze Strecken beschränken. Dabei jedoch kann der Radeffekt das Rangieren erleichtern.

Mit rechtsdrehender Schraube längsseits an der Backbordseite anlegen

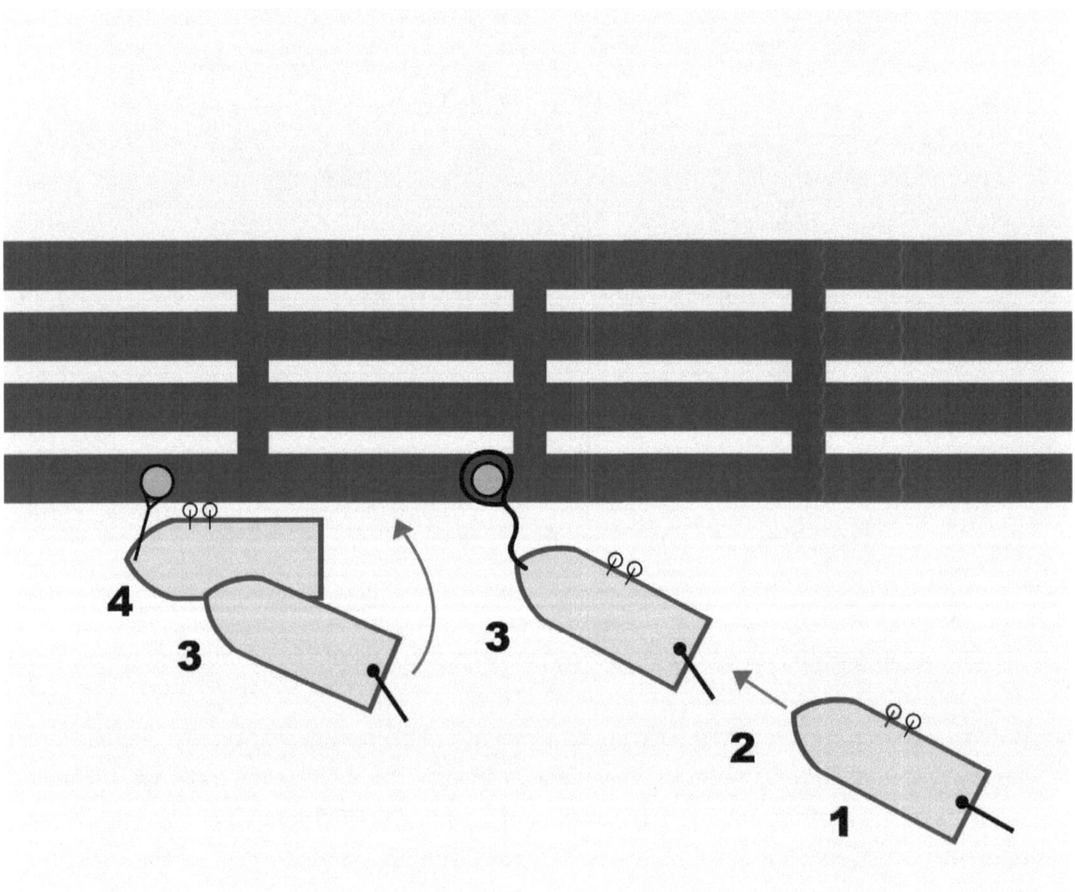

Zunächst die Fender am Bug und an der Backbordseite ausbringen. Anschließend mit langsamer Fahrt in einem **spitzen Winkel** die Anlegestelle anfahren, bis sich der Bug auf Höhe eines Pollers oder eines anderen Festmachers befindet. Ideal ist ein Winkel von etwa 20 Grad. Das Boot soll kurz vor dem Erreichen der Pier keine Fahrt mehr machen. Eine Person geht von Bord, nimmt die Vorleine an und befestigt sie am Poller. Befindet sich ein Festmacher-Ring in der Hafenmauer, geht eine Person auf den Bug und befestigt die Vorleine am Ring.

Nun wird der Rückwärtsgang eingelegt und mit langsamer Fahrt der Radeffekt genutzt, um das Heck ebenfalls nach Backbord zu ziehen. Das Boot wird mit allen Leinen festgemacht, bevor der Motor ausgeschaltet wird. Es ist wichtig, den **Motor erst nach dem Festmachen auszuschalten**, um während des Anlegens jederzeit für notwendige Korrekturen manövrierfähig zu bleiben.

Mit rechtsdrehender Schraube längsseits an der Steuerbordseite anlegen

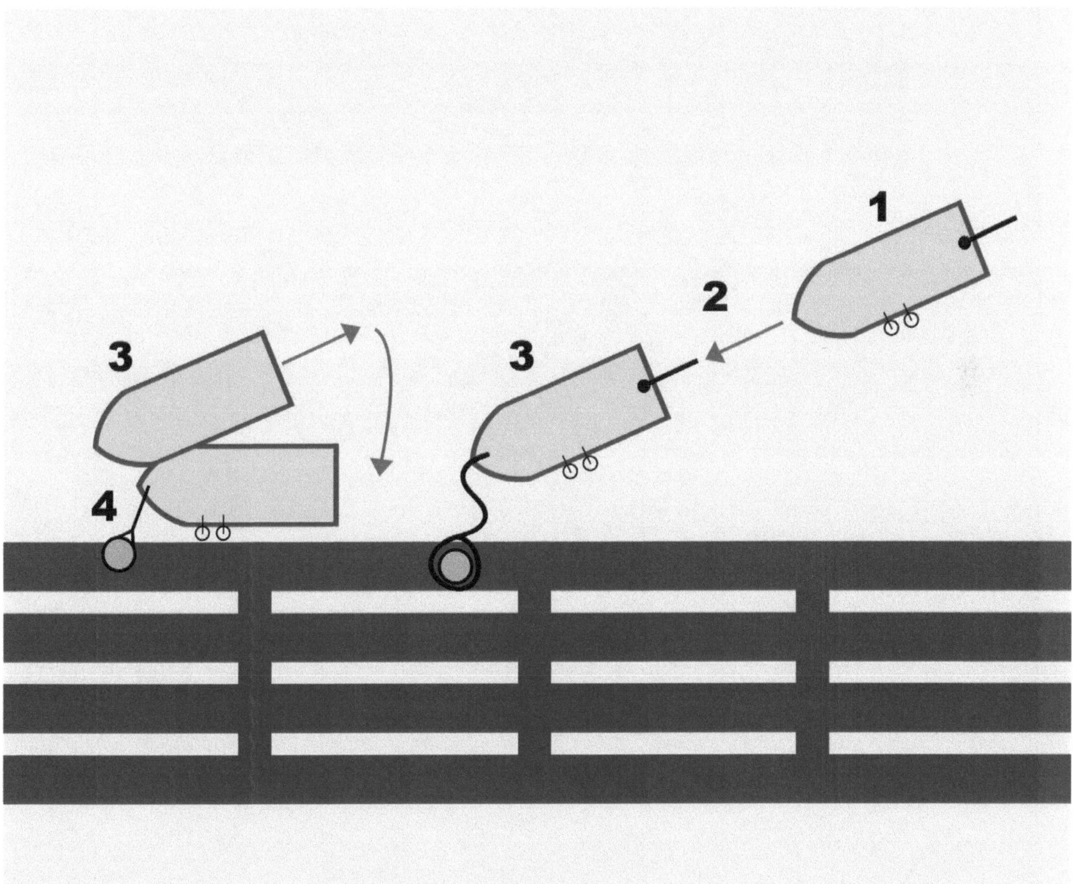

Da beim Anlegen an Steuerbord mit rechtsdrehendem Propeller der Radeffekt nicht genutzt werden kann, erfolgt es in anderer Form. Ebenfalls läuft das Boot mit ausgelegten Fendern zunächst bei langsamer Fahrt in einem spitzen Winkel die Anlegestelle an. Mit dem Bug auf Höhe des Pollers angekommen, ist noch etwas Fahrt für das weitere Manöver notwendig. Nun wird Backbord-Ruder gelegt, eine Person geht von Bord oder auf den Bug und belegt den Festmacher mit der Vorleine. Sie muss ausreichend lang sein, um die Wirkung einer Spring zu übernehmen. Erst jetzt erfolgt das sogenannte **„Eindampfen in die Spring"**. Das bedeutet, dass das Heck bei langsamer Fahrt voraus durch das Backbord-Ruder und mithilfe der Spring an die Pier geschoben wird. Vor dem Ausschalten des Motors werden alle Leinen befestigt.

Anlegemanöver bei auflandigem Wind und Strom

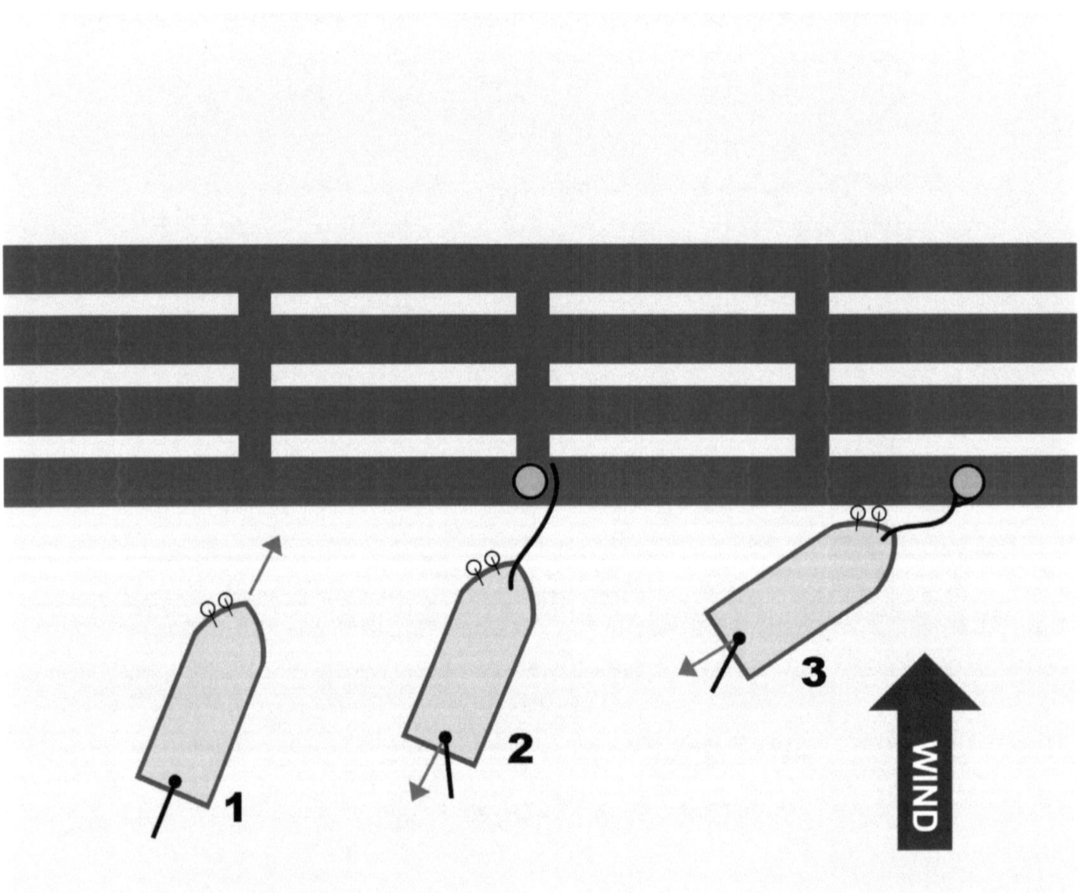

Das **Anlegen bei auflandigem Wind und Strom** birgt die Gefahr, dass das Boot an die Pier gedrückt wird. Um das zu vermeiden, muss kurz vor der Pier durch Einlegen des Rückwärtsgangs aufgestoppt werden. Wind und Strom drücken das Boot langsam an die Pier heran, sodass eine Person von Bord gehen und die Vorleine festmachen kann. Beim Heranziehen des Hecks mit langsamer Rückwärtsfahrt muss das Ruder ablandig liegen, um ein Herandrücken an die Pier zu vermeiden.

Ablandiger Wind und Strom kann das Ablegen erschweren, da das Boot sich zu schnell von der Pier entfernt. Eine unkontrollierte Drehung des Hecks zur Pier kann in dieser Situation das Schiff beschädigen. Daher wird zunächst nur die Vorleine gelöst und die Achterleine gefiert. Bei diesem Manöver bleibt die Achterleine zunächst um den Poller liegen und wird verlängert, bis das Boot frei von der Hafenmauer ist. Eine Person an Bord hält das offene Leinenende während des Fierens fest. Erst danach wird die Achterleine eingeholt, das Ruder ablandig gelegt und die Fahrt voraus aufgenommen. Beim Einholen der Achterleine muss unbedingt darauf geachtet werden, dass sie nicht in die Schraube gerät.

Beim **Ablegen mit auflandigem Wind und Strom** ist die Gefahr einer Kollision des Hecks mit der Hafenmauer größer als mit ablandigem Wind. Daher ist ebenfalls besondere Vorsicht geboten. Das Boot fährt mit kurzer Vorleine langsam mit auflandigem Ruder vorwärts und wird so von der Pier weggedrückt. Wie beim „Eindampfen in die Spring“ bewegt sich der Bug zur Hafenmauer. Nun wird das Ruder ablandig gelegt und das Boot rückwärts von der Pier weggezogen. Dabei wird die Vorleine um den Poller weggezogen und die Fender eingeholt.

Sicher vor Anker gehen

Besonders reizvoll ist die Rast mit dem Boot in einer schön gelegenen und einsamen Bucht. Da auf dem Wasser keine Möglichkeit zum Festmachen besteht, gehen Schiffe auf dem Wasser vor Anker. Das Ankern birgt einige Unsicherheiten, da die Beschaffenheit des Untergrunds nicht immer erkennbar ist. Einige grundlegende Regeln erhöhen jedoch die **Sicherheit beim Ankern** und sollten daher unbedingt beachtet werden. Der Anker muss stets auf die Größe und das Gewicht des Bootes abgestimmt sein. Die Formen der verschiedenen Anker sind so konzipiert, dass sie sich mit einer Flunke tief in den Grund eingraben und so das Schiff an der Ankerkette oder Ankerleine halten. Zu diesem Zweck soll der Zug der Kette oder Leine am Anker möglichst parallel zum Boden wirken.

Ankerketten und Ankertrossen

Ankertrossen und Ankerketten müssen ausreichend lang sein, um den parallelen Zug auf den Anker zu ermöglichen. Eine Faustregel besagt, dass eine Ankerkette mindestens **dem Dreifachen der Wassertiefe** entsprechen muss, eine Ankertrosse mindestens der **fünffachen Wassertiefe**. Ketten bieten gegenüber Ankertrossen den Vorteil, dass sie aufgrund ihres Gewichts in Ankernähe stärker zum Boden absinken. So gewährleistet die Kette den horizontalen Zug. Um diesen Effekt zu nutzen, verwenden Schiffseigner häufig einen Kettenvorlauf vor der Leine. Ein weiterer Vorteil dieser Konstruktion besteht darin, dass die Kette ruckartiges Ziehen des Bootes ausgleicht und den Anker so entlastet.

Das richtige Manöver beim Ankern

Der ideale Ankerplatz ist ein gut gegen Seegang und Wind geschützter Ort oder eine entsprechende Bucht. Die Bodenbeschaffung sollte möglichst aus festem Sand, Lehm oder Ton bestehen. Ein felsiger Untergrund oder ein stark verkrauteter Boden eignen sich hingegen nicht zum Ankern. Anker, Kette und Ankertrosse sollten an Deck so zum Auswerfen bereitliegen, dass sie klar laufen, ohne sich zu verknoten. Das Boot wird über dem Ankerplatz gestoppt und mit dem Bug in den Wind gedreht. Auf das Kommando „Anker fallen" durch den Schiffsführer lässt eine Person am Bug den Anker senkrecht ins Wasser gleiten. Ankertrosse oder Ankerkette dürfen dabei **nicht ausrauschen**, um sich nicht auf den Anker zu legen. Während das Boot langsam bei Wind achteraus treibt, wird die Trosse oder Kette langsam nachgeführt. Sollte kein Wind vorhanden sein, erfolgt das Ankermanöver bei langsamer Rückwärtsfahrt.

Zur Sicherheitsüberprüfung dienen **regelmäßige Deckpeilungen** quer zur Schiffsrichtung. Dabei werden die jeweiligen Ergebnisse notiert, um sie miteinander vergleichen zu können. Wenn der Anker nicht fest sitzt, sondern über Grund slippt, verursacht er ein unregelmäßiges Rucken an der Trosse oder Kette. Mit aufgelegter Hand ist das eindeutig spürbar. In diesem Fall muss das Ankermanöver wiederholt werden.

Knoten schaffen Sicherheit

Seemannsknoten gehören zu den wichtigen Inhalten in der Vorbereitung für den Sportboot-Führerschein. Sie bilden daher einen Teil der praktischen Prüfung. Die Besonderheit der Seemannsknoten besteht darin, dass sie unter Zug fest bleiben und sich bei Bedarf leicht wieder lösen lassen. Zu den wichtigsten Knoten gehören:

- der **Palstek** mit einer feststehenden Schlinge zum Festmachen an Ringen oder zum Überwerfen über Pfähle und Poller,
- der **Webeleinstek** zum Befestigen kleiner Boote an Pollern,
- das **Belegen einer Klampe** zur Befestigung von Tauen am Schiff und Klampen an Hafenmauern,
- der **Achtknoten** zum Verhindern des Ausrauschens eines Taues,
- der **Kreuzknoten** zur Verbindung von zwei gleich starken Tau-Enden (Tampen),
- der **einfache und doppelte Schotstek** zum Verbinden von Tampen mit unterschiedlicher Stärke,
- der **Stopperstek** zum Befestigen eines Tampens an einem laufenden Ende wie einer Vorleine oder einer Schlepptrosse.

ÜBUNGEN:

1. Was ist beim Passieren eines großen Schiffes zu beachten?
2. Wie müssen Schiffsführer sich in engen Gewässern verhalten?
3. Was ist der Radeffekt?
4. Wie wird ein Boot aufgestoppt?
5. Wie lang sollte die Ankerkette oder Ankertrosse sein?
6. Wie funktioniert das Eindampfen in die Spring beim Anlegen?
7. Wozu dienen Ankerpeilungen?
8. Zu welcher Seite dreht sich das Heck bei Rückwärtsfahrt mit einer rechtsdrehenden und einer linksdrehenden Schraube?
9. Wozu dient der Webeleinstek?
10. Welche Aufgabe erfüllt der Kreuzknoten?

1.23 FAHRKÜNSTE IN THEORIE UND PRAXIS

Einige spezielle Fahrkünste wie das Mensch-über-Bord-Manöver haben bereits Bedeutung für die praktische Prüfung. Viele weitere erwerben Sportboot-Besitzer im Laufe der Zeit durch wachsende Routine. Es ist dennoch sinnvoll, diese vor dem Eintritt einer entsprechenden Situation bereits theoretisch zu kennen.

Mensch-über-Bord-Manöver

Dieses Manöver kann Teil der praktischen Fahrprüfung sein. Geht ein Crewmitglied über Bord, rufen die übrigen Besatzungsmitglieder lautstark „Mensch über Bord“ und geben dabei die Seite an, also Steuerbord oder Backbord. **Sofort nimmt der Schiffsführer das Gas weg und kuppelt aus.** Das Ruder legt er so, dass sich das Heck von der verunglückten Person wegdreht. Er legt das Ruder nach Steuerbord, wenn sich die Person an der Steuerbordseite befindet und nach Backbord, wenn sie an der Backbordseite über Bord gegangen ist. Gleichzeitig wirft ein Crewmitglied der verunglückten Person eine Rettungsboje oder einen Rettungsring zu und beobachtet sie ununterbrochen. Gerade bei Seegang besteht die Gefahr, die verunglückte Person aus den Augen zu verlieren. Der Schiffsführer gibt über seinen GPS-Sender oder über Funk einen Notruf ab und fährt das notwendige Manöver.
Auf kleinstem Wendekreis bringt der Schiffsführer das Boot auf Gegenkurs. Einige Meter in Luv der verunglückten Person stoppt das Schiff auf. Der Propeller wird ausgekuppelt. Falls er im ausgekuppelten Zustand weiter dreht, muss die Maschine abgestellt werden. Der Wind treibt das Boot langsam auf die verunglückte Person zu, sodass sie aus dem Wasser geborgen werden kann. Die Aufnahme an Bord geschieht möglichst mittschiffs, da die Schiffsbewegungen im Bug- und Heckbereich am größten sind und die verunglückte Person verletzen können.

Wenden auf engem Raum

Das Wenden auf engem Raum ist ein Bestandteil des Mensch-über-Bord-Manövers. Aber auch andere Situationen können dieses Manöver erfordern. Bei langsamer Fahrt fährt das Boot mit Steuerbord-Ruder mehrmals ein kurzes Stück voraus und ohne Veränderung des Ruders ein kurzes Stück rückwärts. Der Radeffekt beim Rückwärtsfahren unterstützt das Wende-Manöver. Gegenwind erleichtert das Manöver.

Fahren bei hohem Seegang und bei Sturm

Hohe Wellen überfährt ein Boot möglichst **im rechten Winkel**. Der Bug weist das Wasser zu den Seiten hin ab und schneidet sich durch die Wellen. Am sichersten läuft eine Motoryacht bei hohem Seegang **mit langsamer Geschwindigkeit** gegen die Wellen an. Dadurch kann der Bug leicht über die Wellen steigen. Ideal ist eine Fahrt von etwa drei Knoten. Beginnt das Schiff zu stampfen, sind die Wellen in einem spitzen Winkel anzufahren.

Um sich vor Sturm rechtzeitig in Sicherheit bringen zu können, sollten Schiffsführer sich vor dem Auslaufen über das erwartete Wetter informieren. Da das Wetter auf See plötzlich wechseln kann, sollte bei längeren Touren die **Wetterentwicklung beobachtet** werden. Folgende Maßnahmen sind bei aufkommendem Sturm zu treffen:

- Verschließen aller Bullaugen und Luken.
- Festzurren aller losen Gegenstände im Schiff und an Deck.
- Notieren der aktuellen Position.
- Anlegen von Rettungswesten und Sicherheitsgurten.
- Im Idealfall Anlaufen eines Schutzhafens.

Kommt es zu einem Ausfall der Maschine, kann bei mittlerem bis starkem Wind ein über den Bug ausgebrachter **Treibanker** für Stabilität sorgen. Bei starkem Sturm kann der Treibanker jedoch zu seitlichem Ausbrechen und Querlegen des Bootes führen. Kentert das Boot, bleiben möglichst alle Crewmitglieder beim Fahrzeug und vermeiden unnötigen Kräfteverschleiß während des Wartens auf Hilfe.

Rückwärts in eine Box manövrieren

Nicht immer befinden sich Liegeplätze so an der Pier, dass seitlich angelegt wird. Häufig erfolgt das Anlegen mit dem Bug oder Heck zur Pier. In einigen Marinas befinden sich sogenannte Finger-Stege. Zwischen jeweils zwei an einem großen Steg befestigten Schwimmstegen befindet sich eine Box für ein Boot oder zwei Boote nebeneinander. Ob sie ihr Schiff mit dem Bug oder Heck zum Steg oder zur Pier angelegen, bleibt den Schiffsführern überlassen. Da das Heck häufig die **komfortableren Ein- und Ausstiegsmöglichkeiten** bietet und zudem das Ablegen in Vorausfahrt einfacher ist, entscheiden sich viele Schiffsführer für das rückwärtige Anlegen.

Dazu läuft das Boot mit langsamer Fahrt parallel an die Box heran. Bei langsamer Rückwärts-Fahrt wird Backbord-Ruder gelegt und der Radeffekt für eine enge Wende genutzt. Ist das Boot um

90° gedreht, läuft es langsam rückwärts in die Box ein und wird zunächst mit dem Heck, später seitlich am Schwimmsteg, festgemacht.

Boote sicher festmachen

Nach dem Anlegen muss ein Boot so befestigt werden, dass es sich auch bei einem Sturm nicht losreißen kann. Auch Wasserstandsänderungen sind dabei zu berücksichtigen. Bleibt das Boot längere Zeit unbenutzt, müssen auch die Seeventile geschlossen und der Hauptschalter des Bordnetzes ausgeschaltet werden, damit keine Schäden entstehen.

Liegt das Boot mit dem **Heck oder dem Bug an einem Steg**, erfolgt die Befestigung des Hecks mit zwei Leinen und des Bugs mit einer Leine zum Steg. Befindet sich daneben ein Schwimmsteg, sind weitere Befestigungen möglich.

Um ein Boot sicher **an der Längsseite** festzumachen, sind vier Leinen ideal. Neben der Vorleine am Bug und der Achterleine am Heck sorgen die schräg und über Kreuz verlaufenden Leinen Vorspring und Achterspring für einen sicheren Halt. Die Leinen müssen einerseits ausreichend fest sein, andererseits aber auch eine gewisse Bewegungsfreiheit ermöglichen, damit sich das Boot beispielsweise einem steigenden Wasserstand anpassen kann.

Verhalten in besonderen Situationen

Auf einem Motorboot kann es immer wieder zu unvorhergesehenen Situationen kommen. Die Maschine kann ausfallen, sodass das Boot abgeschleppt werden muss. Es kann zu einer Kollision kommen oder an Bord entsteht ein Feuer. Auf alle diese Situationen sollte die Besatzung vorbereitet sein. Auch das Betanken des Schiffes oder das Aufladen des Bleiakkus erfordern besondere Vorkehrungen.

Abschleppen eines Bootes

Auf die Taue und Klampen wirken beim Abschleppen große Kräfte ein. Daher muss das Abschleppen über mehrere Leinen erfolgen, im Idealfall über einen Hahnepots oder zwei einzelne Leinen. Die Crew sollte sich nur kurzfristig im Bereich der Schleppleinen aufhalten. Falls sie brechen, können sie schwere Verletzungen verursachen. Während der Fahrt sollten die Leinen nicht ruckartig steifkommen, um ein Reißen zu vermeiden. Die Geschwindigkeit beim Schleppen darf die Höchstgeschwindigkeit des geschleppten Fahrzeugs in Freifahrt nicht übersteigen. Die **Länge der Schleppleine** passt sich dem Seegang an. Insbesondere bei starkem Seegang muss die Leine dem Zwei- bis Dreifachen der Wellenlänge entsprechen, damit sich beide Fahrzeuge in derselben Wellenphase befinden.

In engen Gewässern und Schleusen kann das **Längsseitsschleppen** vorteilhaft sein. Dazu werden beide Boote durch eine Vor- und eine Achterspring fest an den Längsseiten miteinander verbunden. Zwischen den Booten befinden sich Fender. Auf diese Weise bilden die Boote eine feste Einheit. Zur Aufrechterhaltung der Manövrierfähigkeit ragt das Heck des schleppenden Bootes hinter dem des abgeschleppten hinaus.

Verhalten nach einer Kollision

Im Fall einer Kollision sind alle beteiligten Personen verpflichtet, zunächst **gegenseitig Hilfe zu leisten**. Erst danach geht es um die Schuldfrage. Zur weiteren Klärung tauschen die Schiffsführer ihre Daten aus. Dazu gehören:

- Name des Schiffs,
- Heimathafen,
- Abgangs- und Bestimmungshafen,
- ggf. Kennzeichen.

Nach Klärung der Umstände und Sicherung aller Personen können beide Schiffsführer die Fahrt fortsetzen.

Feuer an Bord

Im Fall eines Brandes ist sofort die Luftzufuhr und bei einem Motorbrand die Treibstoffzufuhr zu stoppen. Der Motor läuft bei einem Motorbrand mit hoher Drehzahl weiter, während der Brand mit einem Pulverlöscher, einer Löschdecke oder einer nassen Wolldecke erstickt wird. Ein Brand an Deck oder in der Kajüte wird möglichst mit einem Feuerlöscher gelöscht.

Tanken

Während des Tankens sind folgende Vorsichtsmaßnahmen einzuhalten:

- Motor abschalten,
- offenes Feuer und Rauchen vermeiden,
- alle nicht betroffenen Räume verschließen,
- keine elektrischen Schalter betätigen,
- nach dem Tanken alle Räume des Bootes lüften,
- um elektrostatische Aufladungen zu vermeiden, den Zapfhahn mit bloßen Händen berühren,
- verschütteten Treibstoff sofort entfernen,
- nach dem Tanken den Ventilator für einige Minuten laufen lassen.

ÜBUNGEN:

1. Wie verhält sich der Schiffsführer nach dem Mensch-über-Bord-Alarm?
2. Wie wird das Schiff durch hohe Wellen gesteuert?
3. Wie lang sollte die Schleppleine bei hohem Seegang sein?
4. Was ist beim Festmachen eines Bootes zu beachten?
5. Was ist bei einem Motorbrand zu tun?

1.24 KVR

Die Kollisionsverhütungsregeln waren bereits mehrfach Thema in diesem Kurs. Neben Fahr-und Ausweichregeln, Lichtführung und Beschilderungen enthalten die KVR auch allgemeine Verhaltensregeln. Dazu gehören Vorgaben wie die Seemännische Sorgfaltspflicht, das Verhalten bei verminderter Sicht sowie bestimmte Warn- und Notsignale.

Verhalten bei verminderter Sicht

Um Kollisionen bei verminderter Sicht durch Nebel oder starken Regen zu vermeiden, haben sich Schiffsführer wie folgt zu verhalten:

- Geschwindigkeit den Sichtverhältnissen anpassen,
- Positionslichter einschalten,
- Schallsignale geben,
- Ausguck gehen,
- Fahrwasser verlassen oder äußerst rechts im Fahrwasser weiterfahren,
- möglichst Flachwassergebiet aufsuchen und ankern,
- Radarreflektor aufheißen,
- möglichst waagerechte Schwimmlage wählen,
- alle Navigationsanlagen sowie Sprechfunk nutzen.

Sind vorlicher als querab Schallsignale anderer Schiffe zu hören, muss die Fahrt auf das zur Erhaltung der Manövrierfähigkeit **notwendige Maß reduziert** werden.

Signale bei Kollisionsgefahr

Bei möglicher Kollisionsgefahr geben die beteiligten Schiffe Schallsignale ab. Das ausweichpflichtige Schiff zeigt mit einem kurzen Ton an, dass es seinen Kurs nach Steuerbord ändert. Zwei kurze Töne zeigen eine Kursänderung nach Backbord an. Mit drei kurzen Tönen erklärt der Ausweichpflichtige, dass er sich rückwärts bewegt.

Der Kurshalter zeigt mit fünf kurzen Tönen an, dass er seinen Kurs beibehält.

Notsignale

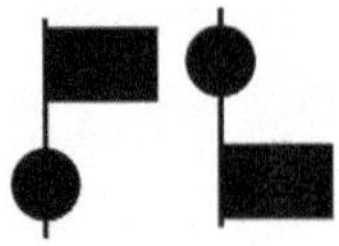

Ein Signal aus einer viereckigen Flagge, darüber oder darunter ein Ball oder etwas, das einem Ball ähnlich sieht.

Das durch Telegraphiefunk oder eine andere Signalart gegebene Morsesginal.

MAYDAY

Das Sprechfunksignal aus dem gesprochenen Wort „Mayday“.

Das Notzeichen NC des internationalen Signalbuchs.

Ein Rauchsignal mit orangefarbenen Rauch.

Schiffe dürfen Notsignale nur dann abgeben, wenn Gefahr für Leib und Leben der Besatzung besteht und Hilfe dringend notwendig ist. Die KVR geben verschiedene Notsignale vor, die abhängig von den Möglichkeiten auf einem Schiff oder Boot sowie von ihrem Erfolg zu wählen sind. Zu den Notsignalen nach den Kollisionsverhütungsregeln gehören:

- Knallsignale im Abstand von ungefähr einer Minute,
- Dauerton des Nebelhorns,
- Leuchtkugeln und Raketen mit roten Sternen möglichst zwei Mal mit kurzer Pause dazwischen,
- das Morsesignal SOS als Ton- oder Lichtsignal,
- das Sprechfunksignal Mayday mit dem dazugehörigen Alarmzeichen,
- die Beflaggung mit den Notsignalen NC aus dem internationalen Signalbuch,
- das Sichtzeichen einer viereckigen Flagge mit einem darunter oder darüber befindlichen Ball,
- Flammensignale wie brennende Teer- oder Öltonnen,
- rote Fallschirmleuchtrakete oder rote Handfackel,
- Rauchsignal mit orangefarbigem Rauch,
- aufrecht stehende Person , die langsam die ausgestreckten Arme hebt und senkt.

Langsames und wiederholtes Heben und Senken der nach beiden Seiten ausgestreckten Arme.

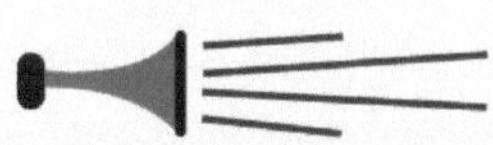

Anhaltendes Ertönen eines Nebelsignalgeräts.

Raketen oder Leuchtkugeln mit roten Sternen einzeln in kurzen Zwischenräumen.

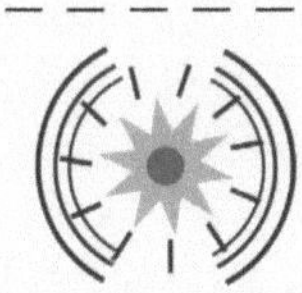

Kanonenschüsse oder andere Knallsignale in Zwischenräumen von ungefähr einer Minute.

Eine rote Fallschirm-Leuchtrakete oder eine rote Handfackel.

Flammensignale auf dem Fahrzeug, z. B. brennende Teertonnen, Öltonnen oder dergleichen.

ÜBUNGEN:

1. Was gebietet die Seemännische Sorgfaltspflicht bei verminderter Sicht im Fahrwasser?
2. Wie lautet das Kurshaltersignal bei einer drohenden Kollision?
3. Welches Notsignal geben Personen auf einem kleinen Boot, das nicht über technische Einrichtungen zur Signalgebung verfügt?

1.25 SeeSchStrO

Ebenso wie die KVR gibt die Seeschifffahrtsstraßen-Ordnung einige generelle Regelungen vor. Dazu gehören die Verantwortung des Schiffsführers sowie die Definition der Seemännischen Sorgfaltspflicht auf deutschen Fahrwassern. Insbesondere für das Befahren des Nord-Ostsee-Kanals enthält die SeeSchStrO einige Regelungen.

Was besagt die Seemännische Sorgfaltspflicht?

Zur Seemännischen Sorgfaltspflicht gehört die Verpflichtung aller Seeleute zur Beachtung von Vorsichtsmaßnahmen, die **über die Verkehrsvorschriften hinausgehen**, soweit es Seemannsbrauch und die besonderen Umstände des Einzelfalles erfordern. Die Seemännische Sorgfaltspflicht bezieht zudem die Anwendung der Sicherheitsregeln aus der BSH-Broschüre „Sicherheit im See- und Küstenbereich" ein. Vor Fahrtantritt ist der Schiffsführer im Rahmen der seemännischen Sorgfaltspflicht verpflichtet, alle Passagiere und Besatzungsmitglieder über die Sicherheitsvorkehrungen an Bord zu informieren, sie in die Handhabung der Rettungs- und Feuerlöschmittel zu unterweisen und auf geeignete Maßnahmen gegen das Überbordfallen hinzuweisen.

Die Verantwortung des Schiffsführers

Schiffsführende Personen oder ihre Stellvertreter sind für die Befolgung aller Verkehrsvorschriften verantwortlich. Sie müssen über einen amtlichen Sportboot-Führerschein See oder auf Binnenrevieren über den Sportbootführerschein Binnen verfügen. Die schiffsführende Person muss über einen Sportbootführerschein See oder Binnen verfügen. Als Rudergänger können Schiffsführer andere Personen einsetzen, solange sie sich selbst an Bord befinden.

Das Führen von Schiffen mit einer Blutalkoholkonzentration über 0,5 Promille oder unter dem Einfluss anderer berauschender Mittel ist nicht zulässig.

Verhalten an Schleusen

In eine Schleuse laufen die Fahrzeuge in der Reihenfolge ihrer Ankunft ein. Zunächst fahren Schiffe der Berufsschifffahrt an, anschließend Sportfahrzeuge. Schleusen zeigen folgende Signale:

- Zwei rote Lichter untereinander zeigen an, dass die Schleuse dauernd gesperrt ist.
- Zwei rote Lichter nebeneinander verbieten das Ein- und Durchfahren.
- Zwei grüne Leuchten nebeneinander sind das Signal zum Einfahren in die Schleuse.

Ist die Einfahrt in die Schleuse nicht freigegeben, müssen Schiffe in ausreichender Entfernung anhalten. Befindet sich eine quadratische Tafel mit einem roten Rand und schwarzen Querstrich vor der Schleuse, darf diese nicht von wartenden Fahrzeugen überfahren werden. Das Festmachen an Abweisedalben und Leitwerken ist nicht erlaubt. Kurzzeitig können Schiffe an Festmachedalben befestigt werden.

Schallsignale nach der SeeSchStrO und örtlichen Verordnungen

Schiffe sind in bestimmten Situationen **verpflichtet, Schallsignale abzugeben.** Dabei kommen besonders folgende Signale zum Einsatz:

- Achtungssignal als ein langer Ton,
- Allgemeines Gefahr- und Warnsignal bestehend aus einem langen und vier kurzen Tönen zweimal nacheinander,
- Bleib-weg-Signal als kurzer und langer Ton in Folge.

Das **Achtungssignal** geben Schiffe immer dann, wenn die Verkehrslage es erfordert, besonders aber:

- beim Einlaufen in Häfen und andere Fahrwasser
- beim Ein- und Auslaufen in und aus Schleusen
- beim Verlassen ihres Anker- oder Liegeplatzes

Wenn ein Fahrzeug ein anderes gefährdet oder von einem anderen Fahrzeug gefährdet wird, gibt es das **Allgemeine Gefahr- und Warnsignal** ab.

Das **Bleib-weg-Signal** zeigt an, dass bei einem Unfall radioaktive Stoffe oder andere gefährliche Güter freigesetzt werden, ihre Freisetzung droht oder Explosionsgefahr besteht. Schiffe in der Umgebung sind verpflichtet, unverzüglich den Gefahrenbereich zu verlassen sowie Feuer und Zündfunken zu vermeiden.

Vorschriften für den Nord-Ostsee-Kanal (NOK)

Sport- und Freizeitfahrzeuge dürfen den Nord-Ostsee-Kanal ohne Lotsen nur während der bekanntgegebenen Tagesfahrzeiten befahren. Bei verminderter Sicht ist die Durchfahrt für Sportboote verboten. Im Zweifelsfall müssen sie an einem Liegeplatz ankern, bis die Durchfahrt für sie freigegeben ist. Segelfahrzeuge müssen auf dem Nord-Ostsee-Kanal mit Motorkraft fahren. Sie dürfen zusätzlich die Segel setzen, nicht aber segeln.
Die zulässige Höchstgeschwindigkeit auf dem Nord-Ostsee-Kanal beträgt 15 km/h über Grund, die Mindestgeschwindigkeit 9 km/h. Sportboote dürfen im NOK nur andere Sportfahrzeuge mit einer Höchstlänge von 15 Metern schleppen.

Die Einfahrt für Sportfahrzeuge in den Nord-Ostsee-Kanal ohne Lotsen ist nur erlaubt, wenn der Signalmast der Schleuse ein unterbrochenes weißes Licht zeigt. Zeigt der Weichensignal-Mast bei der Ausfahrt drei unterbrochene rote Lichter übereinander, ist die Ausfahrt nicht erlaubt.

ÜBUNGEN:

1. Was versteht man unter Seemännischer Sorgfaltspflicht?
2. Wie verhalte ich mich, wenn ich an einer Schleuse zwei rote Lichter nebeneinander sehe?
3. Wann dürfen Sportboote ohne Lotse den Nord-Ostsee-Kanal befahren?

1.26 WETTERKUNDE

Kenntnisse über die Wetterkunde schützen Sportboote und Schiffe davor, in schwere Wetter zu geraten. Da sich auf See das Wetter innerhalb weniger Stunden verändern kann, ist es notwendig, erste Anzeichen eines aufkommenden Unwetters oder Sturms zu erkennen. Dadurch besteht unter Umständen die Möglichkeit, rechtzeitig einen schützenden Hafen aufzusuchen oder den Kurs zu verändern, um das Unwetter zu umgehen.

Schiffsführer sollten sich bereits vor Fahrtantritt über den Seewetterbericht des Deutschen Wetterdienstes oder des amtlichen Wetterdienstes in dem Land des jeweiligen Reviers informieren.

Ein wichtiges Merkmal für mögliche Wetteränderungen bilden Veränderungen des Luftdrucks. Schiffe und nach Möglichkeit auch Sportboote verfügen daher über technische Einrichtungen zur regelmäßigen Messung des Luftdrucks. Moderne Navigationsinstrumente beinhalten in der Regel diese Funktion. Stehen diese nicht zur Verfügung, sollte sich an Bord ein Barometer befinden.

Was besagt der Luftdruck?

Der Luftdruck ist bestimmt durch die Dichte der Sauerstoff- und Stickstoffmoleküle sowie anderer Elemente in der Luft. Bei hoher Dichte entsteht ein hoher Luftdruck, bei niedriger Dichte ist der Luftdruck tief. Er sinkt mit zunehmender Höhe und ist daher in direkter Nähe der Erdoberfläche sowie darunter besonders hoch. Die Messung des Luftdrucks erfolgt in der Einheit **Hektopascal (hPa)**. Auf Meereshöhe herrscht ein mittlerer Luftdruck von 1013,25 hPa.

Neben der Anzeige des Barometers geben die **Isobaren in der Wetterkarte** Auskunft über die Verteilung des Luftdrucks. Bei den Isobaren handelt es sich um kreisförmige Linien, die mehrere Orte mit demselben Luftdruck umfassen. Wenige Linien in einem großen Abstand zeigen ein stabiles Hochdruckgebiet an. Je enger die Isobaren verlaufen, umso größer sind die Luftdruckschwankungen, da jede Linie einen anderen Luftdruck anzeigt. Wetteränderungen sowie Wind und Stürme entstehen durch ein starkes Luftdruck-Gefälle. Die Isobaren ermöglichen daher Rückschlüsse auf die Stärke und die Richtung des sich entwickelnden Windes sowie die Wahrscheinlichkeit eines aufkommenden Sturms.

Auf der nördlichen Erdhalbkugel strömt der Wind spiralförmig im Uhrzeigersinn aus einem Hochdruckgebiet heraus und gegen den Uhrzeigersinn in ein Tiefdruckgebiet hinein. Die Richtung des Isobaren-Verlaufs zeigt daher die erwartete Windrichtung an. Den Kern eines Hochdruckgebiets markiert der Buchstabe H auf der Wetterkarte, den eines Tiefdruckgebiets der Buchstabe T. Auch die einfließenden Kalt- und Warmluftfronten sind anhand der Form der Linien auf der Wetterkarte erkennbar. Warmluftlinien sind mit abgerundeten Zeichen versehen, Kaltluftlinien mit spitzen Darstellungen.

Die **Veränderung des Luftdrucks** zeigt ein Barometer oder ein Barograph an. Daraus lassen sich folgende Schlüsse ziehen:

- Rasche Luftdruckänderungen weisen auf eine **instabile Wetterlage** mit schnellen Wetteränderungen hin.
- Ein schnell fallender Luftdruck deutet auf eine **starke Verschlechterung des Wetters** und starken Wind hin.
- Mit **Sturm** ist bei einem Luftdruckgefälle von mehr als 1 hPa/h zu rechnen.

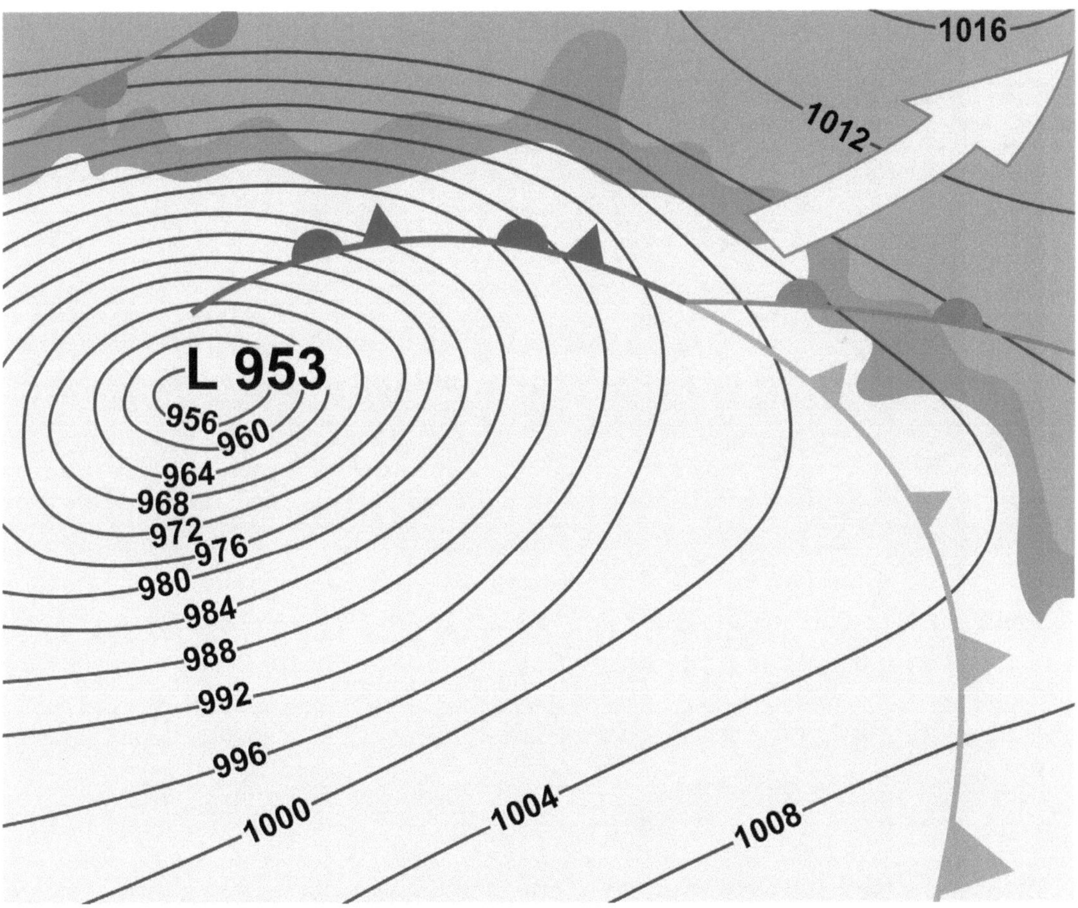

Messung der Windgeschwindigkeiten

Die Messung der Windgeschwindigkeiten erfolgt in Beaufort (Bft). Ihre Einsteufung erfolgt in der von 0 bis 12 reichenden Beaufort-Skala. Bei 0 Bft herrscht Windstille, bei 12 Bft Orkan. Windstille geht mit einer glatten See einher. Ab Windstärke 6 Bft ist mit grobem Seegang zu rechnen. Ab 8 Bft geben die Wetterdienste eine Sturmwarnung heraus.

ÜBUNGEN:

1. Welche Einheit gibt den Luftdruck an?
2. Wie entwickelt sich das Wetter bei rasch fallendem Luftdruck?
3. Worin unterscheiden sich Hoch- und Tiefdruckgebiete auf der Wetterkarte?
4. Was besagt die Beaufort-Skala?

LÖSUNGEN ZU DEN ÜBUNGEN

KAPITEL 1.21

1. Das Manöver des letzten Augenblicks ist das Manöver des Kurshalters, wenn der Ausweichpflichtige nicht ausweicht.
2. Es muss das Fahrzeug ausweichen, das das andere an seiner Steuerbordseite hat.
3. Das Maschinenfahrzeug weicht aus.
4. Die Geschwindigkeit muss sich den jeweils aktuellen Sicht- und Witterungsverhältnissen und der bestehenden Verkehrslage anpassen. Es muss entsprechend den herrschenden Bedingungen die Möglichkeit zum Stoppen bestehen.
5. Das Fahrzeug mit dem Wind von Backbord muss ausweichen.

KAPITEL 1.22

1. Es ist ein ausreichender Abstand erforderlich, um dem Sog auszuweichen und eine Kollision zu vermeiden. Bug- und Heckwellen großer Schiffe sollen nur im rechten Winkel gekreuzt werden.
2. In engen Gewässern ist zum Schutz der Uferzonen Wellenschlag zu vermeiden. Zum Ufer muss ein ausreichend großer Abstand gehalten werden, damit kein Sog entsteht.
3. Als Radeffekt gilt die Versetzung des Hecks durch die Drehung des Propellers.
4. Zum Aufstoppen wird das Gas zurückgenommen, ohne auszukuppeln. Wenn das Boot fast steht, kann es durch Einlegen des Rückwärtsgangs vollständig gestoppt werden.
5. Eine Ankerkette sollte mindestens die Länge der dreifachen Wassertiefe haben, eine Ankertrosse mindestens die fünffache Länge.
6. Beim Eindampfen in die Spring wird zunächst die Vorleine lang befestigt. Anschließend wird mit Backbord-Ruder langsam vorwärts gefahren, um das Heck an die Pier zu schieben.
7. Ankerpeilungen dienen als Deckpeilungen dazu, die Sicherheit des Ankers zu überprüfen.
8. Mit einer rechtsdrehenden Schraube dreht sich das Heck nach Backbord, mit einer linksdrehenden nach Steuerbord.
9. Der Webeleinstek dient zum Befestigen kleiner Boote an einem Poller.
10. Mit dem Kreuzknoten lassen sich Tampen gleicher Stärke verbinden.

KAPITEL 1.23

1. Der Schiffsführer nimmt sofort das Gas weg und legt das Ruder so, dass das Heck von der verunglückten Person abdreht.
2. Das Schiff wird mit dem Bug senkrecht zu den Wellen gefahren.
3. Die Schleppleine sollte mindestens die zwei- oder dreifache Wellenlänge haben.
4. Das Boot ist so festzumachen, dass es sicher liegt und sich nicht losreißen kann. Das Boot muss auf Wind, Strom und Wasserstandsänderungen reagieren können.
5. Kraftstoffzufuhr abstellen, Motor mit möglichst hoher Drehzahl weiterlaufen lassen, Brand mit einem Pulverlöscher, einer Löschdecke oder einer nassen Decke ersticken, Luftzufuhr unterbinden

KAPITEL 1.24

1. Boote verlassen das Fahrwasser oder fahren möglichst weit rechts.
2. Das Kurshaltersignal besteht aus fünf kurzen Pfeiftönen.
3. Sie schwenken stehend die Arme auf und ab.

KAPITEL 1.25

1. Seemännische Sorgfaltspflicht ist die Verpflichtung, Vorsichtsmaßregeln, die Seemannsbrauch oder besondere Umstände eines Einzelfalls erfordern, über die Verkehrsvorschriften hinaus zu beachten.
2. Die Schleuse ist geschlossen. Ich warte in ausreichender Entfernung bis zur Freigabe der Einfahrt.
3. Nur während der bekannt gemachten Tagesfahrzeiten und nicht bei verminderter Sicht.

KAPITEL 1.26

1. Der Luftdruck wird in der Einheit Hektopascal hPa gemessen.
2. Bei rasch fallendem Luftdruck besteht Starkwind- und Sturmgefahr.
3. Hochdruckgebiete sind an großen Abständen zwischen den Isobaren erkennbar. Tiefdruckgebiete entstehen durch Luftdruckänderungen und sind an eng verlaufenden Isobaren erkennbar.
4. Die Beaufort-Skala zeigt die Windstärken von 0 bis 12 an.

Übungsdownload:
bit.ly/Uebungen-Sportboot

SEHR GEEHRTE LESERIN UND LESER,

wir hoffen, Ihnen einen guten Einblick in die Welt des Sportbootführerschein-Sees gegeben zu haben. Nun wünschen wir Ihnen viel Erfolg und ruhige See auf dem Weg zu Ihrem Führerschein.

Sollten Sie Fragen, Verbesserungsvorschläge oder Probleme haben, dann zögern sie bitte nicht uns zu kontaktieren.

kontakt.99books@gmail.com

Allzeit gute Fahrt und immer eine Handbreit Wasser unterm Kiel

Ihr 99Books-Team

Printed in Poland
by Amazon Fulfillment
Poland Sp. z o.o., Wrocław

91155912R00092